VOCÊ:
O PEIXE QUE EVOLUIU

Dr. Keith Harrison

VOCÊ:
O PEIXE QUE EVOLUIU

A Incrível História sobre a Teoria da Evolução de Charles Darwin e o Futuro do Homem

Tradução

GILSON CÉSAR CARDOSO DE SOUSA

Editora
Cultrix
SÃO PAULO

Título original: *Your Body – The Fish That Evolved.*

Dados Internacionais de Catalogação na Publicação (CIP)
(Câmara Brasileira do Livro, SP, Brasil)

Harrison, Keith
Você : o peixe que evoluiu : a incrível história sobre a teoria da evolução de Charles Darwin e o futuro do homem / Keith Harrison; tradução Gilson César Cardoso de Sousa. — São Paulo : Cultrix, 2009.

Título original: Your body : the fish that evolved.
Bibliografia.
ISBN 978-85-316-1057-8

1. Evolução humana — Obras populares 2. Homem Evolução I. Título.

09-10012 CDD-599.938

Índices para catálogo sistemático:
1. Evolução humana : Antropologia física 599.938

Edição
1-2-3-4-5-6-7-8-9-10-11-12

Ano
09-10-11-12-13-14-15-16-17

Direitos de tradução para o Brasil
adquiridos com exclusividade pela
EDITORA PENSAMENTO-CULTRIX LTDA.
Rua Dr. Mário Vicente, 368 — 04270-000 — São Paulo, SP
Fone: 2066-9000 — Fax: 2066-9008
E-mail: pensamento@cultrix.com.br
http://www.pensamento-cultrix.com.br
que se reserva a propriedade literária desta tradução.

Prefácio

Não há aspecto da natureza mais óbvio e pessoal que o nosso corpo; mas quanto, na verdade, sabemos sobre ele? Por que temos dois braços e duas pernas, não quatro braços e seis pernas? Por que temos costelas no peito, mas não na barriga? Por que nossos cotovelos e joelhos se dobram em direções opostas (já reparou nisso?). Este livro pretende responder a tais perguntas traçando a evolução de cada um de nós, não a partir de nossos primos, os macacos, mas de nossos ancestrais mais remotos — os peixes.

Sumário

Capítulo Um

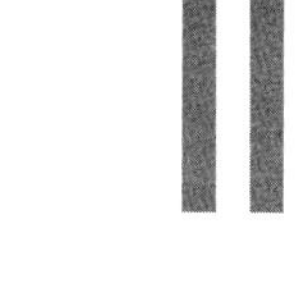

A linhagem humana

A história do corpo humano não começa quando nossos ancestrais simiescos desceram das árvores. Ela remonta a uma época anterior à evolução dos primeiros peixes, há cerca de quinhentos milhões de anos. Somos descendentes desses peixes, como qualquer outro animal vertebrado que tenha existido, dos pequenos sapos e lagartos aos enormes elefantes e dinossauros.

Os peixes, logo depois de aparecer nos mares primitivos, começaram a se espalhar pelo mundo. Alguns foram para a água doce, no interior das terras. A seleção natural fez seu trabalho e os anfíbios surgiram. Alguns destes se transformaram nos primeiros vertebrados terrestres, os répteis, muitos dos quais desenvolveram corpos cada vez maiores até tornar-se dinossauros, enquanto outros evoluíram para os primeiros mamíferos, ficando cada vez menores. Quando os dinossauros se extinguiram, deixando como descendentes apenas os pássaros para dominar o ar, os mamíferos tomaram posse do chão e das árvores. Com o tempo, um grupo de mamíferos assumiu a posição ereta e abandonou as matas. O resto, como se diz, é história.

Pois aqui está a história do que deu origem a essa história. Exploraremos nossa fase como peixes e rastrearemos a evolução ao longo do nosso passado como anfíbios e répteis até nossa existência como mamíferos. Cada etapa dessa jornada deixou suas marcas no nosso corpo; e, para entender por que temos a aparência atual, precisamos primeiro entender de onde viemos.

Como vertebrados, podemos associar muitas partes importantes da nossa forma aos primeiros peixes, mas a conformação geral do corpo humano é ainda mais antiga que isso.

Há quinhentos milhões de anos, os mares fervilhavam de animais, mas cada um pertencia a uma classe de invertebrados. Hoje, conhecemos muitos de seus parentes: insetos, aracnídeos e crustáceos (com corpos encapsulados em carapaças rígidas e articuladas); moluscos (inclusive mexilhões bivalves, caracóis de concha espiralada, lesmas de jardim, lulas de carapaça interna e polvos sem carapaça); equinodermos, fortemente armados com sua "pele espinhosa" (estrelas-do-mar, ouriços-do-mar, lesmas-do-mar); vermes segmentados e seus parentes (minhocas, arenícolas, sanguessugas); lombrigas não segmentadas e platelmintos; anêmonas-do-mar, corais, águas-vivas; e outros grupos menos conhecidos e numerosos demais para citar.

Nesses mares primitivos, cheios de invertebrados, ocorreu uma inovação que haveria de modificar a face da natureza para sempre. Uma espécie desenvolveu uma haste rígida abaixo do centro do corpo. Surgiram os peixes. Mais tarde, pela seleção natural, a haste se fragmentou numa série de ossos, as vértebras, e assim nós, os vertebrados, iniciamos nossa jornada épica. Os cientistas ainda não sabem a que grupo invertebrado devemos agradecer por nossa espinha dorsal, uma estrutura tão importante em nosso corpo e mente que a ela nos referimos no singular, embora possua mais de 26 ossos separados, e a citamos como epítome de força: "Estique essa coluna! Por acaso é um invertebrado?" No entanto, temos algo a dizer do corpo do nosso ancestral sem vértebras.

O QUE HERDAMOS DOS NOSSOS ANCESTRAIS INVERTEBRADOS

Os corpos dos animais podem assumir formas diferentes. Alguns se irradiam para fora, em todas as direções, a partir do centro — como a estrela-do-mar ou o pólipo coralino. Muitos, porém, têm lados que são imagens especulares um do outro. O que mostram num lado mostram no outro também e vários órgãos ocorrem aos pares. As partes ímpares da anatomia, como o intestino, em geral se estendem ao longo da linha mediana.

O invertebrado que se transformou em peixe era uma dessas formas bilateralmente simétricas. Todo vertebrado que já existiu conformou-se, pois, ao mesmo padrão, inclusive nós. Temos pares de braços, pernas, olhos, orelhas, narinas, pulmões, rins, ovários e testículos; na linha central do corpo, temos um cérebro (com algumas partes duplicadas), uma espinha, um coração (deslocado para a esquerda), um órgão reprodutor e um intestino (tão enovelado que seu comprimento pode chegar a seis vezes a nossa altura) com entrada e saída.

Nossos ancestrais invertebrados primitivos eram, aparentemente, animais que deslizavam pelo ambiente, pois herdamos deles uma cabeça e uma cauda, as quais, entretanto, desde que nos pusemos eretos, tornaram-se nossas duas extremidades. Todo animal que se move — verme, lagosta ou caracol — desenvolveu órgãos sensoriais na extremidade frontal, aquela que entra primeiro em contato com o ambiente. Ter todos os órgãos sensoriais na cauda não ajudaria muito em termos de sobrevivência. Um animal precisa saber se não está rastejando para dentro da boca de um predador, não se já entrou lá. Pela mesma razão, a boca de um animal se localiza quase sempre na frente do corpo porque é a primeira parte a encontrar alimento. Isso é importante sobretudo para predadores cuja refeição pode escapar se for advertida (os leões não saboreariam muitos jantares se se aproximassem das zebras de costas).

Essa disposição inteligente levou, em quase todos os grupos de animais, ao desenvolvimento de uma cabeça, que nós usamos como uma bola curiosamente encarapitada no alto do torso, mas que outros animais mantiveram na parte frontal. Quase todos os nossos sentidos estão lá: visão, olfato, paladar e audição; e é por lá que tomamos nosso alimento. Muita informação que passa aos nervos provém desses órgãos sensoriais e seu processamento também se dá na cabeça. Por isso foi nela que o cérebro se desenvolveu. Devemos todos esses aspectos fundamentais do nosso corpo ao nosso passado invertebrado.

ESCALAS DE TEMPO

O livro mal começou e já estou falando com desenvoltura sobre evolução sem ter dito nada sobre ela. Antes de prosseguir e descrever a etapa em que éramos peixes, façamos uma pausa para examinar por alto as escalas de tempo envolvidas e as ideias de ciência, evolução e seleção natural que embasam a compreensão de nós mesmos. Podemos começar colocando a evolução da vida em perspectiva.

A Terra tem mais ou menos 4.550.000.000 de anos de idade. Se comprimirmos todo esse tempo num único ano, com a Terra aparecendo no dia 1º de janeiro e sendo hoje meia-noite de 31 de dezembro, as primeiras células microscópicas surgiram no dia 1º de março, mas os peixes ancestrais — os primeiros vertebrados — só no dia 21 de novembro. A vida precisou de 750 milhões de anos para se desenvolver a partir de uma simples combinação química; em seguida, de mais três milhões de anos (dois terços da idade do planeta) para chegar à complexidade do peixe. Depois disso, as coisas foram mudando rapidamente, mas só em dezembro os peixes colonizaram a terra. Os anfíbios deram o ar da graça no dia 2 de dezembro e os répteis, no dia 8. Os mamíferos se apresentaram no dia 13 e os dinossauros desapareceram pouco depois do chá, no dia 26. Os humanos só vieram à tarde, há algumas horas.

Capítulo Dois

Ciência, religião e rochas

Neste livro, investigaremos a história do corpo humano. Como tudo o que veremos foi descoberto por gerações de cientistas, vale a pena nos determos um minuto ou dois a fim de examinar o que vem a ser exatamente ciência.

"Ciência" é a palavra latina para "conhecimento", mas, ao longo da história, variou muito a maneira pela qual as pessoas julgavam conhecer o universo. Na Europa medieval, os estudiosos observavam o mundo à sua volta e teorizavam sobre as razões de ele ser como era. Reuniam-se para discutir suas ideias e tentar convencer os outros de seu ponto de vista. Esse costume de debater uma maneira para chegar ao consenso acabou saindo de moda e foi substituído, no século XVII, pela adoção do método científico.

O método científico é uma proposta de entendimento que podemos visualizar como um triângulo. Primeiro, observamos o universo (ou, na maioria das vezes, a porção do universo que nos interessa). Em seguida, elaboramos uma teoria para explicar aquilo que vemos — uma hipótese. Até aqui, isso em nada difere da antiga abordagem, mas um passo à frente será dado agora. Longe de discutir os pontos fortes e fracos da teoria, nós os testamos de alguma forma, em geral por meio de um experimento. Obtido um resultado, voltamos ao começo do triângulo e de novo fazemos uma observação.

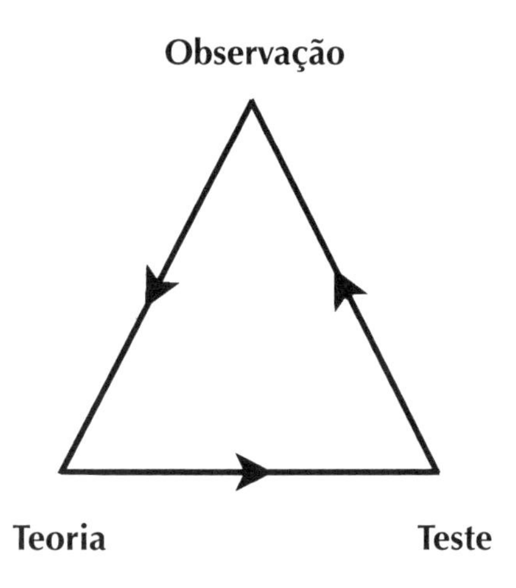

O Método Científico

Podemos percorrer o triângulo quantas vezes forem necessárias para nos convencermos de que finalmente compreendemos os fatos, modificando a teoria e elaborando novos testes a cada etapa.

O método científico hoje predomina na maioria das culturas, mas não é uma invenção nova. Consiste, pura e simplesmente, numa extensão do modo como vivemos o cotidiano. Imagine, por exemplo, que você esteja descendo a rua e aviste uma bola felpuda marrom do tamanho de um punho, bem à sua frente. Isso é uma observação (Passo 1). O que é aquilo? Talvez um pequeno coco que rolou do mercado próximo, pensa você. Agora tem uma teoria: "É um coco" (Passo 2). Você então se inclina a fim de examinar a bola e revira-a com o pé. Está nesse instante fazendo um experimento para testar a teoria (Passo 3). Observando o resultado do experimento (Passo 1 de novo), espanta-se ao perceber a bola adquirir vida e fugir para uma moita. Sua teoria estava errada, portanto você elabora outra: "É um animal pequeno" (Passo 2 de novo) e segue-a para ver se consegue descobrir mais alguma coisa. Quer o saiba, quer não, você está empregando o método científico. É um cientista. Nós todos usamos essa técnica diariamente. Não achamos nossas chaves, mas pensamos tê-las deixado no bolso do casaco que usávamos a noite passada e vamos lá conferir — observação, teoria, teste. Somos todos homens de ciência e sempre o fomos. Hoje, as pessoas tendem a reservar a palavra para certas atividades acadêmicas a que dão nomes técnicos — astronomia, geologia, química, genética e muitas mais — e chamam os profissionais pagos para empregar o método científico de "cientistas". Na verdade, porém, todos merecemos esse título.

Desde o século XVII, a palavra "ciência" se cercou de uma aura mística, mas isso é um equívoco. A ciência não é nada misteriosa; resume-se ao triângulo da página anterior. Duas coisas a fazem parecer impenetrável. Em primeiro lugar, os problemas que os profissionais estudam são muitas vezes bastante complicados ("Como se formaram as estrelas?", "O que existe no interior do átomo?", "Por que os continentes deslizam sobre a superfície de uma Terra sólida?"); em segundo, cada ramo da ciência adotou seu próprio jargão técnico que, pouco significando para nós, nos faz sentir excluídos e ameaçados.

Quando os cientistas estudam temas difíceis como a formação das estrelas, dividem-nos em centenas de observações diferentes ou igual número de teorias simples que a seguir são testadas uma a uma. Às vezes, precisam de equipamentos complicados para testar essas teorias, mas, no fim das contas, complicados mesmo são só a tecnologia e o assunto geral. Quanto ao jargão, quase todo ramo de atividade humana tem vocabulário próprio. Você entende o que fala um mecânico de motores ou consegue dar nome às ferramentas usadas por um carpinteiro? Pelo menos nesses casos, outros mecânicos e carpinteiros têm alguma chance. A ciência é um território tão vasto (na verdade, muitos territórios vastos) que poucos cientistas entendem o que dizem outros cientistas, mesmo no âmbito de sua própria disciplina. O biólogo que estuda a classificação dos pássaros e o biólogo que se ocupa de sua fisiologia poderiam mesmo ter vindo de planetas diferentes. Um não entende os termos técnicos do outro, embora sejam ambos biólogos que trabalham com o mesmo grupo de animais.

A ciência não deve ser vista como uma atividade coerente, com pessoas "por dentro" e pessoas "por fora". Muitos cientistas profissionais acompanham o que está sendo feito em diversas áreas da ciência pelos jornais e pela televisão, tal como o resto de nós.

O QUE NÃO É CIÊNCIA?

Alguns assuntos não incidem na categoria de ciência porque não se enquadram no triângulo científico. Por exemplo, nossas observações do mundo às vezes nos levam a teorizar sobre a existência de um poder superior, um deus. Temos aí, portanto, dois lados do triângulo: uma observação e uma teoria para explicá-la. O problema surge quando tentamos elaborar um teste. Que experimento poria à prova a teoria "Existe um deus?" Até hoje não se imaginou nenhum. Assim, religião não é ciência.

Algumas pessoas alegam que a ciência se opõe à religião e promove o ateísmo. Não é verdade. Os resultados da atividade científica não provam, nem poderiam provar, a inexistência de um deus. Isso exigiria também a evidência de um experimento. Como diz o velho ditado: "Ausência de evidência não é evidência de ausência". Os cientistas simplesmente não podem investigar a existência ou não existência de um deus e por isso nada têm a dizer a respeito. Essas são questões de fé. Um ateu convicto é tão crente quanto um bispo. O bispo acredita, por um ato de fé, que há um deus; o ateu, por um ato de fé, supõe que não há deus nenhum. A ciência não pode ajudar nem um nem outro. Ela é necessariamente agnóstica (do grego "sem capacidade para conhecer"). A única abordagem científica frente ao problema da existência de um deus é dizer: "Não posso investigar essa questão usando o método científico e esperando obter algum sucesso, portanto nem sequer tentarei". Muitos cientistas acreditam num deus por um ato de fé. Não há contradição nisso. A ciência só consegue pesquisar o universo físico, mas os cientistas são humanos e duas das pedras angulares da condição humana são a lógica e a intuição — modos paralelos de construir nossa visão do mundo. Ciência e religião refletem esses dois modos. Podem muito bem coexistir e prosperar.

FÓSSEIS

Aplicar o método científico à investigação do mundo natural é fácil quando examinamos o presente. Mas torna-se muito difícil quando nos pomos a explorar o passado (os cientistas não podem gravar o canto de acasalamento dos dinossauros). No entanto, isso não quer dizer que seja impossível examinar o passado por meio da ciência. Na medida em que a teoria for testável, será científica; e um teste não precisa ser de laboratório, pode resumir-se a uma predição. Por exemplo, se os pássaros evoluíram dos répteis, então em algum ponto, nas rochas, devem existir fósseis que mostrem uma mistura das características de uns e outros. Se os paleontólogos os procurarem, com muita probabilidade os acharão. "Os pássaros evoluíram dos répteis" é, portanto, uma teoria testável, embora ninguém saiba onde pesquisar nem por quanto tempo. Na verdade, já se descobriu um fóssil desses. O *Arqueopterix*, encontrado numa pedreira alemã em 1861, revela justamente essa mistura de caracteres. Porém, a descoberta de fósseis às vezes depende mais da sorte que do tirocínio. Vários animais e plantas não se fossilizaram depois de mortos, foram devorados ou tiveram seus corpos destruídos por animais necrófagos ou pela simples decomposição. Só raramente alguns fragmentos são preservados da destruição e convertidos em pedra. Mesmo nesse caso, alguns fósseis acabam desgastados pela erosão ao longo do tempo geológico ou permanecem tão fundo no solo que ninguém se dá conta deles. Fósseis são encontrados apenas quando alguém que se interessa por essas coisas se depara com rochas em processo de erosão e percebe nelas sinais reveladores ou quando engenheiros escavam minas ou pedreiras. São, pois, bastante remotas as chances de um fóssil ser achado no breve período em que permanece visível. Por isso, talvez nunca tenhamos um registro completo e exato de todos os animais e plantas que viveram numa determinada época ou num determinado lugar. Envolver-se com a paleontologia é como tentar analisar um jogo de futebol quando só se consegue ver as sombras por causa das nuvens que ocultam o sol.

Capítulo Três

Evolução, Darwin e seleção natural

A ideia da evolução é antiga. Na Europa, remonta aos antigos gregos, há mais de 2.500 anos. Durante séculos, os cristãos rejeitaram-na porque contradizia as palavras iniciais da Bíblia, onde se diz que Deus criou a Terra e todas as espécies nela existentes, inclusive nós, em seis dias. Vemos aí a verdadeira história do pretenso conflito entre ciência e religião. A ciência não contesta a ideia de que existe um deus, mas pode provar que o universo não foi criado em menos de seis dias.

No final do século XVIII, com a expansão da ciência europeia e o aumento do contingente de naturalistas que estudavam o mundo à sua volta, passou-se a discutir cada vez mais a possibilidade de as espécies mudarem de aparência com o tempo. Não bastasse a teimosia religiosa, havia dois outros problemas que impediam a aceitação da ideia: o enorme lapso de tempo que semelhante evolução exigiria e o fato de ninguém descortinar um mecanismo pelo qual ela pudesse ocorrer. Na época, pensava-se que a Terra tivesse apenas uns poucos milhares de anos de idade, insuficientes para que a evolução produzisse algum efeito. A constatação, por volta de 1800, de que a complexa estrutura geológica do planeta fora de fato montada pela ação incrivelmente lenta dos vulcões, sedimentação e erosão, tal como sucede hoje, despertou os cientistas para a suspeita de que a Terra deveria ser bem mais velha do que haviam suposto. E com isso a evolução pôde ser levada mais a sério.

A escala de tempo pressuposta pela marcha evolutiva está, na verdade, muito além da capacidade de apreensão da mente humana. Mesmo hoje, quando falamos desenvoltamente sobre centenas de milhões de anos — como fiz no início do livro —, nosso cérebro não parece capaz de entender o que isso significa. Permitam-me os leitores não cristãos um exemplo tendencioso. Muitos de nós achamos que o período entre nossa época e a de Cristo, dois mil anos atrás, parece um prazo muito longo. Cristo viveu na história antiga, mas, se fecharmos os olhos, conseguiremos provavelmente captar essa escala de tempo. Se eu pedir a você para recuar dez mil anos, terá de imaginar cinco vezes o período entre nós e Cristo. Eis-nos, pois, nas profundezas do passado. Nenhum acontecimento que lemos nos livros de história ocorreu ainda. Nossos ancestrais ainda lascam a pedra e continuarão a fazer isso durante milênios. Essa escala de tempo é difícil de conceber, mas, até certo ponto, podemos captá-la. No entanto, imagine agora um lapso de tempo *duas mil vezes* maior que o decorrido entre Cristo e nós. Essa etapa imensa é quase incompreensível. Perde-se ao longe, bem além do nosso horizonte mental — e, todavia, só nos faz recuar quatro milhões de anos. Leva-nos a uma época em que nossos ancestrais estavam prestes a descer das árvores e caminhar pelas savanas da África, deixando pegadas praticamente idênticas às nossas próprias. Em termos geológicos, isso se passou há apenas algumas horas. Os dinossauros gigantes desapareceram há 65 milhões de anos, depois de dominar a Terra por outros 140, e eles não passavam de recém-chegados. A vida existe neste planeta há mais de 3.500 bilhões de anos. A evolução se processa muito, muito lentamente. Nunca houve pressa.

DARWIN

Em 1859, Charles Darwin publicou sua obra *A Origem das Espécies por Meio da Seleção Natural*. A seleção natural foi o mecanismo que Darwin propôs para explicar o funcionamento da marcha evolutiva. No livro, fez várias observações importantes: os recursos da natureza (alimento ou espaço vital) são limitados; compete-se por eles; e, no seio de cada espécie, os indivíduos se mostram ligeiramente diferentes uns dos outros.

Darwin aventou que, numa competição onde os envolvidos apresentam características diferentes (um leopardo um pouco mais veloz que outro; um rato com o pelo um pouco mais claro que o dos demais), algumas características são vantajosas e outras, não. Na luta pela vida — conforme ele a classificou —, as características que dão vantagem podem assegurar a sobrevivência do seu possuidor e, portanto, delas próprias. Desse modo, alguns caracteres são automaticamente selecionados pela natureza para sobreviver e passar à geração seguinte. Durante esse processo de seleção natural, que transmite certos caracteres e elimina outros, as espécies que os apresentam vão mudando com o tempo: vão evoluindo.

Dá-se com frequência a Darwin o título de pai da evolução. Melhor seria dizer pai da seleção natural, que é como a evolução funciona. Suas ideias foram testadas exaustivamente desde a publicação do livro e sua teoria há muito deixou de ser uma teoria. Evolução e seleção natural são, hoje, fatos estabelecidos.

SELEÇÃO NATURAL

A seleção natural modifica a aparência média de uma espécie, não a de seus indivíduos. Simplificando: imagine um bando de gazelas onde cada animal possua pernas de comprimento ligeiramente diferente. Haverá então gazelas altas e gazelas baixas (poderíamos citar do mesmo modo uma sala cheia de pessoas de estaturas diferentes, mas o que irá acontecer em seguida... nem é bom pensar). Se todas as gazelas de pernas curtas forem apanhadas e devoradas por leões, por não poderem correr com a necessária velocidade, somente as de pernas mais longas sobreviverão. As gazelas de pernas curtas não estavam ainda na época de procriar, de modo que só as outras terão filhotes. *Todas* as gazelas da geração seguinte apresentarão, pois, com muita probabilidade, pernas longas. Nenhuma gazela, tomada individualmente, teve aumentado o tamanho das pernas; mas o comprimento médio das pernas no rebanho aumentou. Houve evolução. Esta age, portanto, no nível reprodutivo; a seleção natural de uma geração afeta a aparência da próxima.

SELEÇÃO NATURAL DO COMPORTAMENTO

Alguns caracteres selecionados pela natureza podem ser comportamentos e não traços físicos governados por genes. Animais — inclusive humanos primitivos — que decidem beber num poço frequentado por predadores, enquanto os predadores estão bebendo, e se empurram para ficar com o melhor lugar em vez de permanecer vigilantes, provavelmente não sobreviverão o bastante para transmitir esse comportamento (deliberadamente ou pelo exemplo) a seus filhotes. De fato, sequer durarão o suficiente para procriar. Por outro lado, um grupo que espera os predadores beber e dispersar-se para só então se dirigir ao poço, não se esquecendo de postar sentinelas nas imediações, pode sobreviver e transmitir esse comportamento à geração seguinte.

Para complicar ainda mais as coisas, alguns traços são comportamentos *governados* por nossos genes. Esses comportamentos se herdam, não se aprendem. Um exemplo é a capacidade inata que tem o bebê de sugar o seio e chorar, além da de agarrar com força: muito novo ainda, segurará automaticamente um dedo colocado em sua palma e poderá até ser erguido com todo o seu peso, muito antes de lhe ensinarem a fazer isso. Quando vemos outros primatas carregando seus filhotes às costas, e as mãos destes presas com força ao pelo das mães, não é difícil perceber as origens de semelhante comportamento e por que ele se tornou comum a todos os recém-nascidos humanos.

O medo praticamente universal dos homens ao escuro também pode incidir na categoria dos comportamentos herdados. Centenas de milhares de anos atrás, quando as pessoas viviam ao ar livre rodeadas de predadores, esse medo era dos mais vantajosos. Má estratégia de sobrevivência seria vaguear em meio à noite ignorando o que estava à volta e penetrar em cavernas escuras sem uma tocha. Indivíduos que temiam a escuridão e permaneciam em lugar seguro após o crepúsculo tinham mais chances de sobreviver aos perigos da noite e transmitir esse medo (se é que ele está nos genes) a seus filhos e, em última instância, a nós. Hoje, na maioria das culturas, nossas casas não são lugares perigosos depois do pôr do sol, mas o medo natural ao escuro subsiste e tem sido explorado por quase todos os filmes de terror.

A SOBREVIVÊNCIA DOS MAIS APTOS

"Sobrevivência dos mais aptos" é expressão frequentemente ouvida quando se fala em evolução. Não significa a sobrevivência dos mais saudáveis e sim a daqueles que, animais ou plantas, se adaptam melhor ao ambiente. No exemplo acima do leão *versus* gazela, foram as gazelas de pernas mais longas que sobreviveram, pois nelas havia a melhor concordância — a melhor adaptação — entre seus corpos e as necessidades de sobrevivência.

Às vezes, na história, setores de populações animais sobreviveram não porque fossem os mais aptos a sobreviver, mas porque algo aconteceu aos outros membros da espécie e só eles ficaram para transmitir seus genes. Esse é, antes, o caso da "sobrevivência dos mais sortudos". Foi o que aconteceu na região norte do Oceano Pacífico à população dos elefantes-marinhos boreais. No século XIX, os caçadores quase a extinguiram e por volta de 1890 só restavam menos de vinte espécimes. Esses poucos animais não dispunham de nenhum recurso de adaptação que os tornasse difíceis de caçar; simplesmente, eram os últimos a ser caçados.

Mas não o foram. Por causa das restrições à caça, seus descendentes chegam hoje a mais de trinta mil indivíduos. Porém, todos os genes da espécie originam-se de menos de vinte animais e, hoje, observa-se uma variação genética bem menor do que originalmente. É como se os genes tivessem sido forçados a passar por uma ampulheta e a maioria não conseguisse sobreviver ao trajeto. A matéria-prima para a seleção natural foi largamente reduzida e a evolução da espécie sem dúvida será afetada por isso.

Na África, os leopardos também parecem ter passado por um gargalo há vários milhares de anos. Há tão pouca variação genética nos espécimes modernos que, por um motivo qualquer, a população antiga deve ter sido reduzida a uns poucos indivíduos.

Resumindo: a seleção natural (e, às vezes, as catástrofes) realmente escolhem os indivíduos de uma geração. Elimina alguns antes que procriem; inibe a reprodução de outros e incentiva a de outros tantos. Desse modo, a geração seguinte só herda caracteres escolhidos, que alteram a aparência e o funcionamento da espécie. Como muitos caracteres dependem dos genes, convém agora examinar de passagem o que esses genes são.

Capítulo Quatro

Genes

"Gene" vem da palavra grega para "descendência" ou "nascimento" (mesma raiz dos termos "genealogia" e "gênese"). Os genes são instruções herdadas que ensinam ao corpo como se construir e se manter. Essas instruções podem aplicar-se a algo interno como a produção de enzimas no intestino ou a algo externo como a estatura ou o formato do nariz.

Um gene é um segmento curto de moléculas. Os genes se ligam pelas extremidades a fim de formar encadeamentos de DNA ou ácido desoxirribonucleico — assim chamado porque é uma molécula ácida encontrada no núcleo da célula (um "ácido nucleico") que inclui o açúcar ribose, de onde um átomo de oxigênio foi removido ("de-oxi ribo"). Os encadeamentos de DNA se acham no núcleo da maioria das células, das quais o corpo humano possui aproximadamente 100 milhões de milhões (100.000.000.000.000 ou 10^{14}), cada qual encerrando o conjunto total de genes para construir e pôr em funcionamento o organismo inteiro. Portanto, uma célula do olho contém os genes que formam o estômago ou a rótula, ainda que nunca seja usada para isso. É como uma biblioteca que contivesse o guia de todas as ruas do mundo, embora a maioria das pessoas só consulte as de sua cidade.

Nos seres humanos, cada núcleo possui 46 segmentos de DNA, medindo juntos mais de dois metros de comprimento e encerrando cerca de 24 mil genes. Esses 46 segmentos são dispostos aos pares, porquanto herdamos um segmento de cada par do pai e da mãe: 23 do óvulo materno e 23 do esperma paterno. Seria como ganhar um par de meias no aniversário, mas receber um pé da mãe e outro do pai — exceto que, nesse caso, você receberia 23 pés desaparelhados de cada um deles. Juntos, os presentes formariam 23 pares perfeitos.

Um segmento do par contém genes para aspectos do nosso corpo — cor dos cabelos, cor dos olhos, comprimento dos braços —, mas o mesmo ocorre com o outro segmento. Os segmentos são gêmeos. Ou seja, todos herdamos dois genes para a maioria dos aspectos e não um. Contudo, o modo como isso funciona na prática escapa ao propósito deste livro.

A certa altura da vida da célula, cada segmento de DNA se enrola sobre si mesmo como um barbante torcido para formar uma estrutura mais compacta, que os antigos naturalistas chamavam de cromossomo (do grego para "corpo colorido", pois, nos primeiros tempos do microscópio, quando os pesquisadores tingiam as células com diferentes corantes para torná-las visíveis, os cromossomos às vezes apareciam como fitas curtas e escuras. Hoje, damos aos segmentos o nome de cromossomos quer estejam densamente enrolados ou não). Esses novelos de "corpos coloridos" surgem quando a célula está prestes a dividir-se durante o crescimento do tecido, a cura de ferimentos ou a substituição celular.

A maioria das células é substituída constantemente. A pele se desgasta o tempo todo e sob ela outra logo se forma, enquanto os glóbulos vermelhos do sangue (que conduzem o oxigênio pelo corpo) têm uma vida de apenas 120 dias. Cada um de nós traz bilhões e bilhões de glóbulos vermelhos nas veias (uma gota grande de sangue contém cerca de quinhentos milhões) e, *todos os dias*, 170 mil milhões (170.000.000.000) de outros novos são criados na medula óssea a fim de substituir os destruídos (poderíamos dizer também reciclados) pelo baço, fígado e, de novo, a medula. Quando alguém doa meio litro de sangue, o corpo perde cerca de dois trilhões e meio (2.500.000.000.000) de glóbulos vermelhos, que levam cinquenta dias para ser substituídos. (E não quinze, como se esperaria da multiplicação:

170.000.000.000 por dia x 15 = 2.550.000.000.000

porque essas células se perdem e não podem ser recicladas. Os doadores precisam obter matéria-prima do alimento antes que novas células sejam produzidas.)

Muitos animais possuem um núcleo com DNA em seus glóbulos vermelhos, bem como em outras células do corpo, mas os mamíferos, incluindo os humanos, perdem o núcleo dos glóbulos vermelhos quando estes são formados. Por isso os legistas podem dizer se uma mancha de sangue vem de determinada pessoa ou da sopa de galinha que ela preparou.

Quando as células do corpo se multiplicam para formar novas porções de pele, sangue ou qualquer outro tecido, os cromossomos, portanto os genes, precisam ser copiados em cada nova célula. Os genes são copiados no óvulo formado no ovário da mulher ou no espermatozoide produzido nos testículos do homem. São copiados quando uma célula se divide em duas, como no caso do óvulo fertilizado que começa a crescer no útero. No momento em que o bebê está plenamente formado, todos os seus genes foram copiados inúmeras vezes.

MUTAÇÕES

Nos contos de ficção científica, os mutantes são geralmente vilões. No mundo real, "mutação" significa apenas "mudança". Os genes são reproduzidos durante o crescimento e, passando de geração a geração, ou quando qualquer coisa é copiada, mudanças acidentais podem ocorrer. Podemos traçar uma analogia com uma velha anedota da Primeira Guerra Mundial. Os oficiais da linha de frente enviam uma mensagem ao quartel-general dizendo: “Mandem reforços, vamos avançar”. A mensagem não é transmitida por escrito, mas de boca em boca de uma trincheira a outra até chegar ao seu destino. Infelizmente, quando chega, soa assim: “Mandem recursos, vamos dançar”. Observe-se que a mensagem não degenerou num palavrório sem sentido. Continuou perfeitamente lógica, mas sem nenhuma relevância para a situação de fato e nenhuma relação com a mensagem original. O problema surgiu porque, como os genes, a mensagem foi copiada várias vezes.

A mutação de um gene ocasionalmente se interrompe num óvulo, espermatozoide ou embrião (o qual, se o gene for muito importante, pode até morrer por isso), não produzir nenhum efeito sério ou, ainda, tornar o gene mais eficiente. Como a mudança é um acontecimento aleatório, os resultados costumam ser muito variados. Tal qual a mensagem nas trincheiras, às vezes o gene não é destruído nem descaracterizado completamente, mas deixa de executar sua tarefa original. Sua sobrevivência na população, sob nova forma, dependerá de não ser prejudicial ao possuidor. Um gene modificado que mata o possuidor quando ainda no ventre materno morre também. Não será herdado e desaparece imediatamente do mundo. Em contrapartida, algumas mutações podem ser benéficas e espalhar-se rapidamente pela população.

Eis outra analogia. Os genes são instruções. Lembram uma receita de bolo onde o bolo é o corpo. Imagine uma receita pouco entusiasmadora que inclua a adição de cem gramas de coco ralado. Nem todos gostam de coco. Algumas pessoas preparam o bolo e outras o comem; mas poucas pedem uma cópia da receita. Um belo dia alguém a pede e, tentando transcrevê-la em seu caderno, encontra dificuldade em decifrar a letra original. Em vez de “coco”, imagina que se trata de “choco[late]”. Faz o bolo e, em lugar do coco, acrescenta cem gramas de chocolate. O bolo fica delicioso. Todos os que o degustam pedem a receita. De repente, em vez de haver cinco cópias no mundo, há quinhentas, depois 5 mil e logo 5 milhões. O erro de transcrição, a mutação, foi muito bem-sucedido no caso dessa receita e os tais bolos estão agora por toda parte. O mesmo pode acontecer aos genes. E até aos genes para os quais a mudança não foi visivelmente benéfica. Ocorreu uma mutação no sangue que não parece ter sido positiva sob nenhum aspecto, mas, como a receita de bolo, obteve grande sucesso; no caso da maioria das pessoas, ela determina o grupo sanguíneo a que pertencem.

GRUPOS SANGUÍNEOS

Na superfície de cada glóbulo vermelho existem moléculas chamadas antígenos. São de dois tipos, A e B. O tipo que temos no sangue foi herdado de nossos pais e determina nosso grupo sanguíneo.

Todos falam em grupos sanguíneos usando três letras, A, B e O. Trata-se de uma convenção, mas errônea. O "O" aqui não é a letra "O" e sim o número zero, empregado para indicar que os antígenos A e B estão ausentes.

Na história primitiva de nossa espécie, o gene de cada grupo sanguíneo produzia A ou B. Se uma criança herdasse um gene "A" da mãe e um gene "A" do pai, teria o grupo sanguíneo A. Se herdasse dois genes "B", teria o grupo sanguíneo B. E se herdasse um de cada, teria o grupo AB. No entanto, em algum lugar do passado, um desses genes se modificou de tal maneira que não mais conseguiu produzir antígenos. Embora não pareça ter conferido vantagem alguma ao possuidor, essa mutação se espalhou pela espécie humana e constitui hoje a forma mais comum do gene. O leque dos grupos sanguíneos é, pois, mais amplo atualmente do que antes.

Hoje, quando recebemos de cada um dos nossos pais um gene que cria o antígeno A, ainda temos dois genes A ("AA") e estamos no grupo sanguíneo A. Por outro lado, se recebemos um gene de um dos pais que cria o antígeno "A" e um gene do outro que não cria nada, temos os genes "A0" (A + zero), mas o exame de sangue será positivo para o antígeno A e estamos no grupo sanguíneo A. Há, pois, atualmente, duas maneiras de pertencer ao grupo sanguíneo A (três, se você considerar como opções diferentes obter um único A da mãe ou um único A do pai — "AA", "A0" ou "0A"). O mesmo se aplica ao grupo sanguíneo B. É ainda possível receber um A de um dos pais e um B do outro, quando então estaremos no grupo AB (hoje muito raro); todavia, se recebermos o gene que não cria nada de um dos pais e o gene que não cria nada do outro ("00"), não produziremos antígeno nenhum e estaremos no grupo sanguíneo 0 (que, a despeito do significado, continuamos a pronunciar como a letra "O"). Só existe uma maneira de pertencer ao grupo O (ser "00"), que, no entanto, é o grupo sanguíneo mais comum. Isso ocorre porque a maioria dos pais do grupo A são "A0" ou "0A", não "AA", e muitos do grupo B são "B0" ou "0B", não "BB"; assim, levando também em conta os pais que são "00", concluímos que os genes incapazes de produzir antígenos são os mais comuns.

A complicação provocada por esse gene modificado é que, hoje, uma criança pode ter o grupo sanguíneo diferente do de cada um dos pais. Por exemplo, ambos os pais podem ser do grupo A e o filho ser do grupo O,

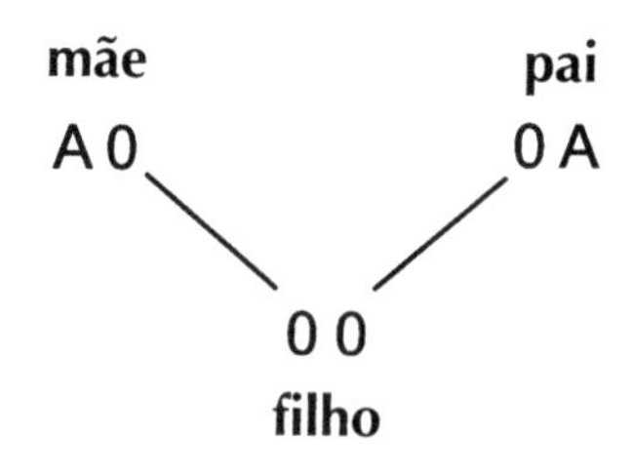

ou então um dos pais ser A e o outro B, mas o filho, AB ou O.

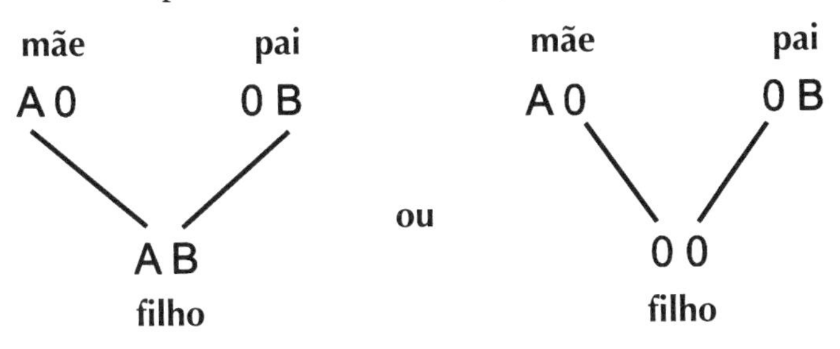

O filho, no último exemplo, poderia também ser do grupo A ("A0") ou do grupo B ("0B"), mas nunca "AA" ou "BB". Só o acaso determina que possibilidade se realiza. Tudo depende de qual gene materno ocorra no óvulo fertilizado, o A ou o 0, e de qual gene esteja no espermatozoide bem-sucedido do pai, B ou 0 (só um cromossomo de cada par penetra no óvulo ou no espermatozoide). Se os pais acima tiverem mais filhos, estes também serão diferentes um do outro.

As porcentagens dos diversos grupos sanguíneos na população britânica atual são (com as dos Estados Unidos entre colchetes): Grupo O, 45% [45%]; Grupo A, 43 [40]; Grupo B, 9 [11] e Grupo AB, 3 [4]. Contudo, tanto a Grã-Bretanha quanto os Estados Unidos têm populações compostas principalmente por imigrantes. (As pessoas do Reino Unido que se queixam da imigração como fator determinante da decadência da tradicional cultura anglo-saxônica se esquecem de que os anglos e os saxões *eram* imigrantes. Sem a imigração, não haveria cultura anglo-saxônica. A Inglaterra deve seu próprio nome, *England*, não aos povos nativos, mas aos imigrantes: *Anglo-land*.) Nas populações de imigrantes do Reino Unido e dos Estados Unidos, os genes dos grupos sanguíneos estão muito misturados e não refletem a distribuição desses grupos entre os habitantes originais de raça céltica das Ilhas Britânicas ou entre os nativos norte-americanos.

Os nativos norte-americanos praticamente não tinham o grupo sanguíneo B em sua população original. Supõe-se então que descendessem todos de um pequeno contingente de indivíduos chegados da Ásia pelo estreito de Bering durante a última era glacial — contingente que, por acaso, não registrava o grupo sanguíneo B entre seus membros. Fatos assim criam como que uma população de sobreviventes (semelhante ao caso dos elefantes-marinhos boreais, já citado); aqui, porém, o resto da humanidade não se extinguiu e os cientistas chamam a esse tipo de gargalo, em que alguns indivíduos descendem de um pequeno número de ancestrais desaparecidos, de "população fundadora".

GRUPOS DE GENES

O caso dos grupos sanguíneos já é suficientemente complicado, mas piora ainda mais para a maioria dos nossos genes. Às vezes, uns poucos traços são controlados por apenas um gene (mais exatamente, por um par de genes), que por conveniência poderíamos chamar de "gene da cor dos olhos" ou "gene da estatura". Se considerarmos a maior parte das características, parece que vários genes contribuem para o resultado final e fazem isso interagindo uns com os outros. A cor dos olhos, sabe-se hoje, é influenciada por pelo menos três pares de genes diferentes, embora se suspeite que muitos mais estejam envolvidos. A cor da pele também é controlada por mais de um gene, o que pode ser igualmente verdadeiro para a maior parte dos aspectos do nosso corpo.

Mas a complexidade não para por aí. Seria errôneo considerar o corpo simplesmente como uma máquina, programada por genes e construída peça por peça, juntando-se por assim dizer elementos pré-fabricados. Em sistemas biológicos como o nosso, as peças não são duras e mortas como os componentes de um aparelho. Não só os genes colaboram para criar os elementos do corpo humano como, durante o desenvolvimento do embrião, esses elementos passam também a interagir e a afetar o modo como cada qual se desenvolve. A pele se torna pele não só porque seus genes lhe ordenam que o faça, mas também porque as células vizinhas confirmam essa instrução e lhe ensinam que tipo de pele deverá se tornar. Caso esteja no couro cabeludo, será uma pele coberta de pelos. Caso esteja na boca, será uma membrana fina e sem cabelos, com glândulas para mantê-la úmida. Ambos os tipos de pele têm os mesmos genes; praticamente toda célula do nosso corpo possui genes idênticos. Não devemos concluir daí que os genes de uma célula de dentro da boca e os genes de uma célula da nuca saibam onde estão. Muitos tecidos se desenvolvem de determinada maneira não por causa dos genes que contêm, mas dos outros tecidos que os rodeiam. Nossos corpos são muito mais que meros produtos de uma linha de montagem: resultam de uma comunidade solidária de células e tecidos que crescem e se comunicam ao longo de toda a nossa vida, principalmente quando estamos no útero materno.

Com tantos graus de complexidade contribuindo para o resultado final, as modernas tentativas de localizar em laboratório o "gene da calvície" ou o "gene da homossexualidade" (difundidas pela imprensa nos últimos anos) estão provavelmente voltadas ao fracasso.

Capítulo Cinco

A evolução na prática

A forma corporal de qualquer espécie em qualquer época é um conjunto de traços que sua história lhe transmitiu. Para assegurar que uma espécie sobreviva a uma mudança ambiental ou explore um novo modo de vida, a seleção natural só pode atuar sobre o corpo que existe. Ela nem sempre pode solucionar os problemas da espécie da maneira mais eficiente, pois talvez não haja os genes necessários para isso. Para garantir a sobrevivência de uma espécie, a seleção natural tem de trabalhar com as ferramentas que a história lhe concedeu. Vamos a outra analogia.

Se seu navio naufragasse e você se visse, de repente, sozinho numa ilha deserta, teria de se virar com o que tivesse nos bolsos. Os melhores itens de sobrevivência, nessas circunstâncias, seriam uma caixa completa de ferramentas de carpinteiro e um exemplar de *Como Sobreviver numa Ilha* (quarta edição), de Robinson Crusoé. Mas você certamente não teria nada disso. Precisaria usar o que estivesse à mão da melhor forma possível; adaptar-se ou morrer.

No bolso, você encontra talvez uma moeda. Afia suas bordas numa pedra e a usa para fazer pontas em flechas, para caçar e pescar. Uma faca seria bem melhor, mas você não a tem. A moeda faz o trabalho, e a inscrição em relevo até ajuda você a segurá-la enquanto corta. Mais tarde, você descobre uma maneira mais eficiente de afiar suas flechas. Já não precisa da moeda como ferramenta de corte e sim de uma chumbada para a linha de pesca. A solução ideal seria uma bala de chumbo, mas essa está fora de cogitação. Então você dobra a moeda e prende-a à linha. De novo, a inscrição em relevo ajuda a firmar a moeda na linha. Você encontrou dois usos oportunos para algo que, na origem, tinha um propósito bem diferente — propósito que, na situação atual, é irrelevante. A moeda não se prestava muito bem a nenhuma das duas finalidades, mas funcionou. Você apanha peixes e sobrevive. Já a moeda conserva os traços de sua história pregressa. Ela exibe ainda a inscrição, a borda arredondada de sua vida como moeda e o gume afiado de sua vida como ferramenta de corte. A inscrição tornou-se útil para um objetivo que não esteve presente durante sua confecção; as bordas curvas e aguçadas não são necessárias num peso para linha de pesca, mas pelo menos não atrapalham.

O que fazemos usando a técnica, a evolução faz como consequência automática da seleção natural — e os resultados podem ser similares. Como a moeda e sua inscrição, os corpos de muitos animais possuem estruturas hoje empregadas para finalidades que não foram previstas. Os dentes do tubarão são escamas modificadas; as asas do pássaro são braços modificados; as membranas das asas do morcego evoluíram como pele para cobrir o corpo, mas depois se estenderam a fim de proporcionar uma ampla superfície aerodinâmica. Do mesmo modo, como as bordas curvas e agudas da chumbada para linha de pesca, os corpos dos animais contêm estruturas que hoje não servem para coisa alguma, mas foram desenvolvidas por ancestrais a quem eram muito úteis. Essas estruturas passaram de geração em geração desde aquela época. Você, provavelmente, está sentado sobre os resquícios de uma cauda desenvolvida e usada por seus ancestrais, mas que agora não passa de uma fileira de ossos no interior do corpo, na extremidade da espinha. Outro exemplo seria o dedo rudimentar dos cães. É um apêndice inútil que cresce em cima da pata e não chega a tocar o chão. Os ancestrais dos cães tinham cinco dedos completos; mas, à medida que foram evoluindo para mover-se com maior rapidez, um dos dedos encolheu e se deslocou para o alto, afastando-se dos outros (a redução no número de dedos é comum em espécies que se modificaram para ganhar mais velocidade no chão — ver p. 104). Os cães, hoje, possuem apenas quatro dedos funcionais. O dedo rudimentar já não tem nenhuma utilidade e os criadores chegam a removê-los cirurgicamente. Se os ancestrais dos cães tivessem continuado sujeitos às pressões da seleção natural, em vez de estabelecer relacionamento com os humanos e permitir que estes passassem a controlar a evolução de seus corpos, é possível que o dedo rudimentar desaparecesse totalmente ou, pelo menos, se internalizasse como nossas caudas.

A EVOLUÇÃO NÃO É PERFECCIONISTA

Quando um traço se perde na evolução, é quase impossível ressuscitá-lo. A seleção natural atua apenas sobre aquilo que está visível para ela, e, portanto, é mais comum a evolução achar soluções para novos problemas modificando partes do corpo em uso no momento. Por exemplo, as aves evoluíram de répteis primitivos e estes provieram de anfíbios antigos que, por sua vez, mudaram a partir dos peixes ancestrais. Peixes, anfíbios e répteis de eras remotas tinham todos caudas compridas que usavam para nadar. Na jornada evolucionária rumo ao ar, os pássaros perderam sua cauda óssea e pesada, que foi substituída por longas caudas leves de penas. Só restou o "pigostilo". Quando algumas aves voltaram à vida aquática e se puseram de novo a nadar, não desenvolveram uma longa cauda natatória, mas usaram os membros com que antes voavam, as asas, para deslizar sob a água. Em resposta a isso, os ossos das asas ficaram mais fortes e mais pesados que os de outros pássaros, para vencer a resistência da água, bem mais densa que o ar. Como consequência, os pinguins perderam a capacidade de voar pelos ares. Eles também nadam e flutuam na superfície, mas nem por isso a cauda natatória reapareceu. As patas traseiras ganharam membranas e empurram a ave para a frente quando ela anda no chão. O ato de remar lembra muito o de caminhar.

A solução de engenharia ideal para o problema da propulsão de um pássaro sob a água seria dotá-lo com um rabo de peixe, mas a evolução não planeja nem desenha corpos. A evolução é o resultado da seleção, não sua causa. O pinguim se adaptou aos novos hábitos e sobreviveu porque cada geração foi escolhida pela seleção natural. Pequenas mudanças alteraram aos poucos a aparência média dos pinguins de modo tal que eles sobreviveram como pescadores submarinos. A natureza não exige soluções perfeitas, apenas aquelas que funcionam.

Isso nos dá a resposta a uma velha pergunta que assusta muitas mães: "Por que o parto é tão doloroso?" A explicação brutal é: "Porque não precisa ser indolor". À evolução pouco importa que o nascimento provoque agonia ou êxtase, basta que seja bem-sucedido. Desde que bebês saudáveis continuem vindo ao mundo, a dor concomitante não tem importância alguma para a seleção natural, muito embora a tenha para a mãe. O nível atual de dores do parto é, com toda a probabilidade, um fenômeno relativamente novo, que só se agravou nos últimos milhões de anos, quando o cérebro humano aumentou de tamanho. Como o cérebro do bebê ganhou no útero dimensões maiores que as de seus ancestrais, uma cabeça também maior teve de sair pelo mesmo canal. Como isso continuou a acontecer sem problemas, a seleção natural não se preocupou em aumentar o diâmetro do canal. E o resultado é dor.

"A NATUREZA ODEIA O VÁCUO"

Eis uma frase muito usada por biólogos, mas cujo significado não é imediatamente compreendido. Conforme observou Darwin, as espécies lutam por recursos. Ora, sempre é mais fácil viver quando não se tem concorrentes, de modo que, existindo na natureza uma oportunidade ainda não explorada, algo logo irá evoluir para explorá-la.

É tudo mais ou menos como o mundo comercial de hoje. Se, nos escritórios, os funcionários acharem difícil sair do prédio para comprar sanduíches, alguém logo montará um negócio para levar os sanduíches até eles. Esses empresários do lanche ganham dinheiro explorando uma brecha de mercado — e você sem dúvida se lembrará de vários outros casos semelhantes. De fato, o comércio é uma boa analogia para a natureza. A "brecha" de mercado é o "vácuo" comercial que todos procuram para fazer o que ninguém fez antes e ter domínio completo do mercado; não há concorrentes. Podem, assim, ter um meio de vida com um mínimo de esforço. Quando outros entram na disputa, eles geralmente tentam modificar o negócio tornando-se mais eficientes (vendendo sanduíches mais baratos, por exemplo), melhorando o serviço (oferecendo bebidas também) ou arriscando-se em novas áreas onde de novo não tenham concorrentes (fornecendo sanduíches aos operários de construção) ou, ainda, procurando simplesmente eliminar a concorrência. Essa é a luta pela vida, segundo Darwin — neste caso, vida comercial. Portanto, os negócios evoluem da mesma maneira que as espécies.

Na natureza, algumas espécies de pássaros se alimentam de insetos voadores — dieta bastante rica em proteínas —, mas há também insetos que saem à noite, quando os pássaros estão dormindo. Como a natureza odeia o vácuo, essa "brecha de mercado" foi explorada por alguns mamíferos notívagos que desenvolveram asas e se tornaram morcegos. Chegaram a criar asas nas pernas dianteiras, como as aves haviam feito antes deles. Os morcegos lembram superficialmente as aves porque vivem da mesma maneira.

Negócios do mesmo ramo tendem a parecer-se uns com os outros mesmo quando não há entre eles uma ligação direta. Isso lhes é imposto pelas exigências de sua atividade. Fornecedores de sanduíches, em lados opostos do planeta, costumam apresentar as mesmas características: usam pão e recheio; têm um lugar onde os sanduíches são preparados; têm empregados que os preparam; contam com veículos para levar o produto até os consumidores; usam cestos ou carrinhos para transportar os sanduíches; e manuseiam dinheiro. Essas são exigências do seu estilo de vida. A natureza não é diferente.

Os animais que exploram as mesmas brechas de mercado pelo mundo afora (os biólogos chamam essas brechas de "nichos") também se parecem muito uns com os outros. Aves marinhas do hemisfério sul que remam pela superfície do oceano e mergulham à cata de peixes, deslizando sob a água graças ao impulso das asas (pinguins), lembram bastante as aves marinhas do hemisfério norte que remam pela superfície do oceano e mergulham à cata de peixes, deslizando sob a água graças ao impulso das asas (alcídeos como a uria e o mergulhão). Mamíferos que vivem permanentemente na água, caçando peixes em alta velocidade (golfinhos), parecem-se com peixes predadores, que vivem da mesma maneira, e não com outros mamíferos. O extinto réptil ictiossauro também se parecia com os golfinhos e os peixes predadores porque seu estilo de vida era idêntico — até o nome significa "peixe-lagarto".

Diferentes grupos de animais podem, portanto, imitar os corpos uns dos outros por viverem de modo semelhante, embora o parentesco entre eles seja remoto. A isso os biólogos dão o nome de "evolução convergente", pois animais diversos convergiram numa mesma forma corporal de maneira independente, em vez de herdar a de um ancestral comum.

A EVOLUÇÃO NÃO DORME NUNCA

A evolução não dorme nunca, mas nem por isso avança para um objetivo definido. Ela é apenas uma resposta passiva à seleção natural, que também nunca para. Os humanos não são, conforme se pensava, o pináculo da marcha evolutiva; a evolução não tem pináculo, caminha sempre e sempre. Nem sequer somos, hoje, a espécie mais evoluída. Todas as espécies existentes evoluíram pelo mesmo lapso de tempo — desde que a vida apareceu no planeta — e todas merecem a mesma consideração como sobreviventes bem-sucedidos.

Nossa tendência é olhar para as formas corporais que permanecem praticamente inalteradas no registro fóssil há dezenas de milhões de anos — por exemplo, fetos, tubarões, crocodilos — como formas primitivas congeladas no tempo. No entanto, a evolução não influencia apenas o exterior do animal ou planta, influencia também seu interior, tanto os órgãos quanto o funcionamento destes. Mesmo a química das coisas vivas sofre mutação. Só porque, na parte externa, uma espécie se parece com outra existente há milhões de anos não significa que esse grupo deixou de evoluir ao longo do tempo. Qualquer jardineiro dirá a você que as samambaias têm poucas doenças, quase não são atacadas por pragas e raros animais as comem. Suas defesas químicas são muitíssimo eficientes. Mas isso também não significa que as samambaias primitivas contassem com as mesmas vantagens. As samambaias podem ter passado milhões de anos desenvolvendo essas defesas enquanto sua forma exterior pouco mudava. Os tubarões, igualmente, têm poucas doenças e os crocodilos apresentam uma capacidade de recuperação tão grande — curam-se de ferimentos graves em águas poluídas sem sofrer infecções — que pesquisadores médicos tentam identificar os fatores de seu sangue responsáveis por tamanha resistência às bactérias, na esperança de descobrir uma nova droga semelhante à penicilina.

Também não existem hoje espécies de algum modo melhores que as do passado. Cada uma é ou foi feita sob medida para seu ambiente. Nenhuma funcionou como intermediária para outra. Exemplificando: podemos estudar os humanos que viveram há dez mil anos e constatar que tinham menos conhecimento, menos tecnologia, menos remédios e menos conforto do que temos hoje; mas, antes de chamá-los de primitivos ou atrasados, devemos considerar como o mundo atual parecerá aos olhos de quem viver daqui a dez mil anos. O homem do futuro terá um estilo de vida e equipamentos incompreensíveis para nós. Gostaríamos então que, olhando para trás, os homens do futuro nos vissem como intermediários atrasados e primitivos, meros degraus na escada que levou a eles? Creio que não. Não existimos para preparar o caminho para as gerações futuras. Reagimos ao mundo atual e nele sobrevivemos da melhor maneira possível. A evolução faz a mesma coisa. Toda espécie é boa para sua própria época. Essa época pode ser curta ou longa, mas o simples fato de a espécie existir indica que, no momento, ela é uma sobrevivente. Devemos nos lembrar de que a vida levou 3.500 milhões de anos para produzir o dodó. Esse pássaro foi preparado pela seleção natural a fim de enquadrar-se ao ambiente das ilhas Maurício. Somente quando os europeus chegaram e mudaram tudo, introduzindo espécies europeias, é que o dodó percebeu não estar lá muito bem equipado — como nós também não estaríamos caso alguém soltasse um bando de leões num de nossos shopping centers (os dodós faziam seus ninhos no chão e eram provavelmente muito vulneráveis aos porcos comedores de ovos introduzidos pelos marinheiros).

Sem interferência humana, o dodó era um sobrevivente, mas sobreviventes nem sempre são fáceis de detectar. Nenhuma espécie que viveu no planeta há 400 milhões de anos continua a existir; no entanto, caso todas houvessem se extinguido, não existiria vida hoje. Para as espécies, há duas maneiras de desaparecer: seus representantes podem ir escasseando até o último expirar — a clássica extinção — ou a espécie pode evoluir para outra ou outras espécies, irreconhecíveis como o mesmo animal ou planta de onde provieram. Há cerca de quatro milhões de anos, uma dessas espécies desceu das árvores e começou a vagar pelas savanas da África. Ela não existe mais — se a víssemos na rua, nós a acharíamos diferente de tudo quanto conhecemos —, porém não se extinguiu. Como muitas outras no passado, sobreviveu alterando sua forma ao longo das idades até chegar ao mundo atual. Estudemos agora seus descendentes.

Capítulo Seis

Quando éramos peixes

Algumas criaturas modernas de forma alterada, como nós próprios, evoluíram a partir dos primeiros vertebrados. Eram peixes sem mandíbulas, que filtravam o alimento, surgidos no mar há mais de quinhentos milhões de anos. Ainda hoje existem alguns peixes destituídos de mandíbula: a lampreia e a lampreia-marinha (semelhantes à enguia, mas com bocas circulares parecidas a ventosas). Esses, porém, lembram muito pouco seus ancestrais sem mandíbula.

A haste dura nas costas desses primeiros vertebrados não era um osso, mas um tubo de membrana resistente cheio de um fluido mantido sob pressão. Os primeiros peixes dotados de ossos só apareceram cem milhões de anos mais tarde. Hoje, peixes com esqueletos ósseos são chamados de "peixes ósseos" pelos cientistas, que assim os distinguem dos tubarões e arraias, cujos esqueletos são formados principalmente de cartilagem — substância sólida, porém mais flexível, que um carnívoro acharia difícil de mastigar. Quase todos os peixes, no mundo atual, são ósseos.

Pteraspis, *antigo peixe sem mandíbula que viveu há mais de quatrocentos milhões de anos (cerca de 25 cm de comprimento).*

Antes que aparecessem os peixes com sua haste dura interna, os invertebrados haviam desenvolvido várias maneiras diferentes de dar sustentação a seus corpos. Vermes segmentados usavam pressão hidráulica controlada por camadas de músculos da pele. Crustáceos possuíam um forte esqueleto externo, parecido com uma armadura, movido por músculos internos. Os peixes tinham esqueleto na parte de dentro, com músculos distribuídos à volta da haste.

Os músculos são simplesmente blocos de células que evoluíram para contrair-se. Só o que fazem é retesar-se e puxar o que está ligado às suas extremidades. Eles não empurram. Sob esse aspecto, são como cordas, que podem puxar grandes pesos, mas não empurrá-los. Se os músculos de um vertebrado precisarem mover uma parte do esqueleto em mais de um sentido, terão de fazê-lo aos pares: um puxa a haste para trás, o outro para a frente. Quando o segundo músculo se contrai, o primeiro relaxa e se estende para executar a próxima contração. Esse dispositivo irá se aperfeiçoar ainda mais quando os vertebrados evoluírem para novas formas — especialmente quando deixarem a água —, mas, nos peixes primitivos, o principal papel dos músculos era produzir o característico movimento de flexão em S que lhes permitia nadar.

O peixe se move flexionando o corpo de um lado para o outro, de modo a fazer com que as ondas deslizem por seus flancos, e empurrando a água enquanto avança. É como agitar uma corda na água: as ondas vão passando por ela. Para produzir esse movimento, a espinha do peixe se curva enquanto os músculos de cada lado se contraem alternadamente. O peso do corpo é suportado pela água, de modo que a única função da espinha é evitar que o peixe inteiro se dobre em forma de ferradura quando os músculos de um lado se contraem. Nessa etapa da evolução, nossa espinha era portanto relativamente fraca e funcionava apenas como um pau de barraca flexível, mantendo o corpo estendido e convertendo o trabalho dos músculos em suaves ondulações. As ondulações, por si sós, já moviam o peixe para diante, mas não eram nem muito eficientes nem muito estáveis. Assim, ele logo desenvolveu novas estruturas que aumentaram sua capacidade de empurrar a água e manter o movimento retilíneo: as barbatanas, que mais tarde se transformariam em nossos braços e pernas.

BARBATANAS

Os primitivos peixes sem mandíbula tinham barbatanas na linha média do corpo e os cientistas acreditam que alguns dispunham de uma comprida dobra de pele em cada flanco. Com o tempo, essas dobras encolheram, deixando apenas um par de abas perto da cabeça e outro perto da cauda.

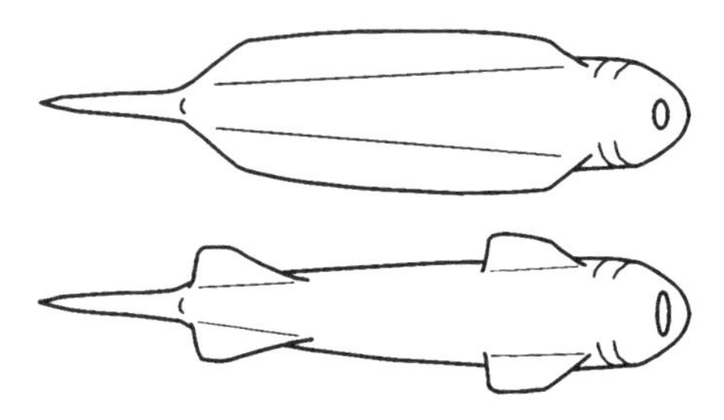

Representação de um peixe primitivo sem mandíbula, visto de baixo, mostrando como as dobras da pele se transformaram em pares de barbatanas.

Mesmo hoje, os peixes apresentam diversos arranjos de barbatanas ao longo da linha média do corpo — em cima, embaixo e na cauda —, mas sempre com dois pares emparelhados, as barbatanas peitorais na frente e as pélvicas atrás (embora, em algumas espécies, as pélvicas tenham migrado para diante, ficando embaixo ou na frente das peitorais). As barbatanas emparelhadas servem aos atuais peixes ósseos para frear e executar manobras lentas. Foi porque as dobras longitudinais de pele se reduziram a dois pares de abas que todos os outros vertebrados, inclusive o homem, possuem agora dois pares de pernas, um na frente e outro atrás. Nossos membros evoluíram dessas barbatanas emparelhadas e, quando somos pequenos embriões no útero, com pouco mais de 5 mm de comprimento, nossos braços e pernas iniciam seu crescimento sob a forma de duas pequenas abas semicirculares de cada lado do corpo. Se as abas tivessem formado originalmente três pares de barbatanas, teríamos hoje seis membros; mas dois pares bastavam para estabilizar o peixe primitivo, um adiante do centro de gravidade e o outro atrás.

MANDÍBULAS

Na época em que as barbatanas peitorais e pélvicas evoluíram, a seleção natural já havia mudado a parte frontal de muitos peixes. No crânio, encaixado em placas ósseas externas como o dos exemplares primitivos, mandíbulas começaram a se formar. Os primeiros peixes possuíam séries de fendas (brânquias) de cada lado da cabeça, como os tubarões de hoje. Entre as fendas, a pele era firmada por hastes do esqueleto chamadas arcos branquiais. Com o tempo, o primeiro arco branquial de cada lado começou a dobrar-se para a frente em redor da abertura rudimentar da boca. Assim, alterou a forma dessa abertura e a primeira mandíbula apareceu.

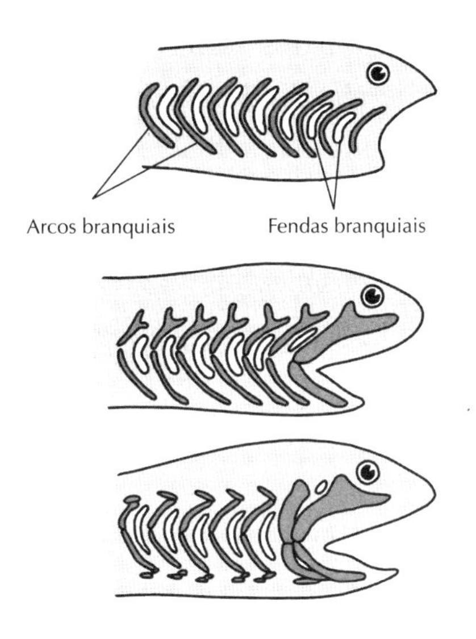

Uma visão de como os arcos branquiais podem ter se transformado em mandíbulas.

Com isso, o peixe podia alimentar-se de nacos maiores e mais sólidos, abocanhando-os. A mudança deve ter ocorrido em consequência de ser mais vantajoso alimentar-se assim do que filtrar partículas minúsculas suspensas na água. Com a abertura capaz de abocanhar veio outra inovação para torná-la ainda mais eficiente. Parte das placas ósseas ao redor da boca começaram a se transformar numa borda rígida para trincar o alimento. A seleção natural continuou trabalhando nisso e, por fim, a nova boca adquiriu dentes.

DE BARBATANAS A MEMBROS

No moderno peixe ósseo, os músculos que controlam os pares de barbatanas estão dentro do corpo. Elas próprias são apenas uma membrana fina sustentada por finíssimos ligamentos. Nós, porém, descendemos de um tipo antigo de peixe ósseo cujos músculos responsáveis pelo controle das barbatanas estavam numa protuberância carnuda com borda membranosa. Esse peixe de barbatana lobular é representado hoje apenas por uns raros sobreviventes como o celacanto do oceano Índico e alguns dipnoicos tropicais de água doce, mas eram comuns em rios até cerca de 255 milhões de anos atrás.

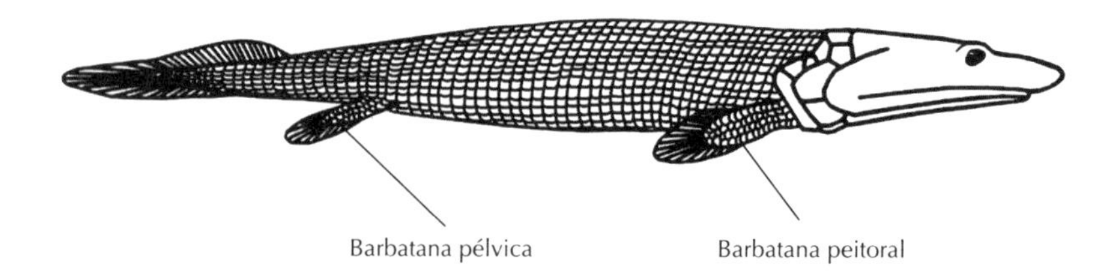

O peixe Panderichthys *de barbatana lobular (1 m de comprimento).*

Os biólogos não sabem como essas barbatanas lobulares puderam evoluir. Quando algumas espécies de peixes abandonaram os mares e se puseram a colonizar os rios, lagos e pântanos, encontraram águas mais rasas que seus ancestrais nos oceanos. Barbatanas lobulares carnudas devem tê-los ajudado a mover-se pelo fundo raso dos canais cobertos de plantas. Essas excrescências musculares, projetando-se das partes inferiores do corpo, podiam apoiar-se melhor em pedras e ramos, impulsionando o peixe para a frente. Em baixa velocidade, isso também aumentava o empuxo da cauda.

Qualquer que tenha sido o motivo do aparecimento das barbatanas lobulares, essa modificação para a vida em água doce foi, sem dúvida, das mais bem-sucedidas. Em alguns grupos, a extremidade dos lóbulos perdeu sua fina borda de pele e substituiu-a por uma fileira de projeções ósseas. Essas eram mais eficientes para abrir caminho em meio ao cascalho e à ramagem ou então permitiam ao peixe estender a ponta do lóbulo a fim de obter mais força contra a água. Seja qual for a razão, as projeções ósseas tornaram-se mais tarde os dedos dos pés e das mãos.

Movendo-se pelos lagos e pântanos com seus primitivos "membros" musculares, esses antigos peixes foram se especializando cada vez mais para viver em água doce e rasa; mas esse ambiente oferecia riscos que seus ancestrais nunca haviam encontrado no mar.

PULMÕES

Lençóis rasos de água doce, sobretudo lagos, podem perder quantidades catastróficas de oxigênio no verão. Mesmo a 15°C , a água só contém um trigésimo do oxigênio presente na atmosfera. Hoje, muitos peixes de água doce reagem à diminuição de oxigênio nadando bem perto da superfície, onde o oxigênio penetra de cima e aumenta seus níveis. A partir desse comportamento, especialmente no caso dos peixes que se alimentam de insetos pousados na superfície e, portanto, engolem ar ao fazê-lo, resta apenas um passo para absorver o ar diretamente, desde que o animal possua um meio de retirar-lhe o oxigênio.

Entre os peixes de hoje, os órgãos respiratórios evoluíram várias vezes em diferentes grupos que vivem nos ambientes de água doce com quedas sazonais nos níveis de oxigênio. Exemplos são a enguia elétrica *Electrophorus*, que puxa o ar pela boca, onde o oxigênio é absorvido por meio da fina mucosa, e o peixe-gato *Hoplosternum*, que leva o ar ao intestino e força-o aí a ser absorvido por veias de finos capilares do revestimento. Não é difícil imaginar peixes de há centenas de milhões de anos vivendo em ambientes similares e absorvendo ar por motivos idênticos. Quanto mais eficientes se mostrassem na extração do oxigênio, menos dependeriam, para respirar, das águas pouco confiáveis e com maior probabilidade garantiriam a sobrevivência. Alguns peixes primitivos chegaram a desenvolver órgãos especializados para extrair o oxigênio do ar. Chamamos esses órgãos de pulmões.

Nos embriões dos atuais vertebrados que respiram, incluindo o homem, os pulmões se desenvolveram como bolsas projetadas das paredes do intestino, parecendo, pois, que esses órgãos surgiram em peixes ancestrais com hábitos respiratórios semelhantes aos do *Hoplosternum*. O fato explica também por que comemos e respiramos pela mesma abertura, a boca, e por que nossa traqueia se ramifica do esôfago em algum ponto da garganta. (Podemos respirar também pelo nariz, mas este é apenas um tubo que leva à parte posterior da boca.)

A JORNADA PARA A TERRA SECA

Os peixes se deslocaram da água para a terra há mais de 360 milhões de anos, uma época de secas e inundações intermitentes em que a evolução estava gerando inúmeros tipos novos de peixes.

Ninguém sabe por que, em dado momento, os peixes se aventuraram na terra, mas hoje muitos vertebrados exploram com êxito um meio diferente. Mamíferos podem passar boa parte do tempo na água (lontras, castores) e alguns até se adaptam à vida aquática (focas e leões-marinhos) quando não a adotam permanentemente (baleias, golfinhos, dugongos, peixes-boi). Mamíferos podem alimentar-se no ar e adaptar-se a esse ambiente (morcegos). Pássaros podem procurar sua comida na água (patos, cisnes, pelicanos) e acomodar-se bem ao meio aquático (pinguins), embora nenhum viva permanentemente nele. Algumas aves comem no chão e perderam por completo a capacidade de voar (avestruzes, emas, quivis). Muitos répteis se adaptaram à vida aquática (crocodilos, iguanas-marinhos) e alguns passam quase o tempo todo na água (tartarugas, cágados, serpentes-do-mar). Nas eras pré-históricas, havia répteis totalmente marinhos (ictiossauros, plesiossauros) ou aéreos (pterossauros). Também os invertebrados passaram por numerosas transições. Caramujos, crustáceos e vermes são encontrados nos oceanos, na água doce e na terra. Não surpreende que no passado alguns peixes tenham encontrado uma bem-sucedida existência fronteiriça nas margens dos rios. Para animais que já conseguiam absorver ar e andavam sob a água, isso foi literalmente um passo curto.

No passado, os peixes podem ter se deslocado para a terra em busca de comida. A forma de seus dentes sugere que não eram herbívoros; e, caso se nutrissem de insetos e outros artrópodes em águas rasas, talvez tenha sido boa estratégia persegui-los cada vez mais perto da margem. Algumas baleias assassinas (orcas) cortam as ondas até a praia para devorar filhotes de leões-marinhos, embora encontrem grande dificuldade para voltar à água. Se, nessa atividade, elas forem muito bem-sucedidas, é possível imaginar seus descendentes desenvolvendo barbatanas frontais cada vez mais fortes e flexíveis para ajudar no processo, até finalmente transformarem-se numa espécie com pernas especializada em caçar nas praias. Então, talvez as baleias se tornem animais terrestres permanentes (como o foram seus ancestrais).

Os peixes primitivos podem também ter encontrado abrigo contra os predadores em águas rasas e bancos de areia. O moderno *mudskipper* (saltador-do-lodo), um pequeno peixe marinho com fortes barbatanas peitorais que pode mover-se em áreas alagadiças expostas ao ar, deixa seu habitat tanto para comer quanto para fugir dos predadores.

Em terra, os peixes primitivos provavelmente se locomoviam ondulando o corpo, com os membros rudimentares funcionando como pinos que se cravavam no chão em pontos estratégicos e geravam o impulso para a frente. Mas, embora não o soubessem, estavam nos primeiros estágios da transformação em verdadeiros tetrápodes (do grego para "quatro pernas"; a forma latina "quadrúpede" significa a mesma coisa).

OUVIDOS

Aquilo que ouvimos como som é a vibração do meio à nossa volta. (Apesar dos melhores esforços dos filmes de ficção científica, explosões e motores são silenciosos no espaço exterior; nada há no vácuo que transmita as ondas sonoras). Nos peixes — nossos ancestrais, inclusive —, o corpo apresenta quase a mesma densidade que a água ao redor. Assim, o som subaquático atravessa facilmente o peixe e ele não precisa de nenhum órgão sofisticado de audição. Os peixes de hoje possuem uma pequena estrutura interna para detectar vibrações, mas nenhum ouvido externo. Quando alguns peixes primitivos começaram a passar mais tempo ao ar livre, não escutavam bem porque a densidade da atmosfera era menor que a de seus tecidos e as ondas sonoras mal conseguiam penetrar seus corpos. Podiam captar algumas vibrações vindas da terra — mas, como eram os primeiros vertebrados terrestres, não existia ainda nada suficientemente pesado para provocar vibrações fortes. Uma avalanche de pedras ou a queda de uma árvore grande fariam vibrar o solo, mas então já seria tarde para o pobre peixe safar-se. No entanto, eles talvez fossem capazes de perceber o movimento de outros peixes e isso seria vantajoso para encontrar presa ou evitar predador. Decorreram milênios até que aparecesse um ouvido plenamente adaptado aos sons transmitidos pela atmosfera; contudo, esses peixes, embora caminhassem pela terra e respirassem o ar, provavelmente ainda passavam a maior parte do tempo na água.

O QUE HERDAMOS DOS NOSSOS ANCESTRAIS, OS PEIXES

Nossa fase como peixes nos legou uma espinha central, dois braços, duas pernas, mandíbulas, dentes e pulmões, além do hábito de comer e respirar pela boca.

Capítulo Sete

Quando éramos anfíbios

Com o passar do tempo, os peixes que respiravam o ar foram se tornando cada vez mais adaptados à vida fora da água. Há cerca de 360 milhões de anos, alguns já haviam mudado o bastante para ser chamados de anfíbios primitivos ("anfíbio" vem do grego que significa "que vive nos dois lados"), embora não se parecessem nada com os anfíbios de hoje. Na forma geral, lembravam as atuais salamandras, mas algumas com vários metros de comprimento (uma delas chegava a 5 m). Na extremidade dos membros rudimentares, o número de dedos das mãos e dos pés ainda não se havia padronizado e diferentes grupos possuíam quantidades diferentes, em geral de seis a oito. Dois dos mais conhecidos fósseis antigos desse período são o *Acanthostega* e o *Ichthyostega*, mas nenhum deles é nosso ancestral.

O *Acanthostega* ("revestido de espinhos") tinha apenas 7 cm de comprimento e parecia uma salamandra de armadura. A cabeça, em especial, era coberta por grossas placas ósseas como a de seus ancestrais peixes. Tinha oito dedos nos membros anteriores e deve ter sido completamente aquático, pois ainda apresentava uma cauda semelhante à da salamandra e brânquias internas como as dos peixes.

O *Ichthyostega* ("revestido como um peixe") era um animal bem maior, com quase um metro de comprimento e sete dedos nas patas traseiras. Também ele apresentava uma cauda com barbatanas pare-

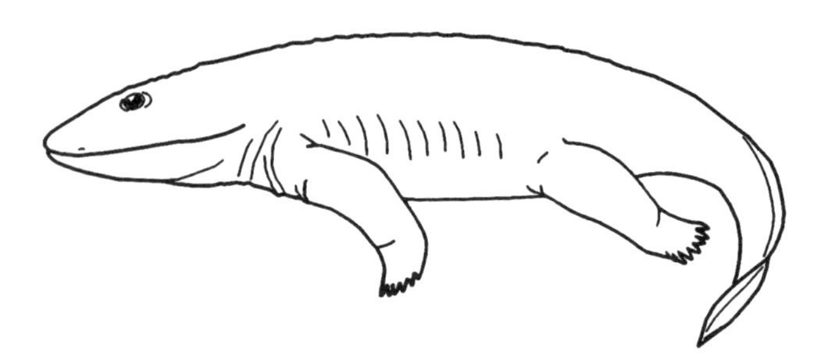

O primitivo anfíbio Ichthyostega.

cida com a da salamandra e passava boa parte do tempo na água. Mas o *Ichthyostega* não possuía brânquias internas.

Como os anfíbios primitivos passavam a maior parte do tempo em terra, seus corpos se modificaram. Ainda punham ovos na água e talvez fossem aquáticos quando jovens, mas nos adultos as brânquias internas desapareceram e a linha média do corpo perdeu as barbatanas. Foram, pois, se tornando cada vez mais terrestres. Continuavam com escamas na barriga, no ponto onde se encostavam no chão, mas elas desapareceram do resto do corpo, juntamente com as placas ósseas da cabeça. Sem a sustentação da água e agora puxados para baixo pela gravidade, nos cinquenta milhões de anos seguintes os membros e os ossos do ombro e da pelve ficaram mais fortes, como também a espinha.

Os antigos anfíbios, mantidos junto ao solo por seu próprio peso, teriam dificuldade em baixar a mandíbula para abrir a boca caso não levantassem primeiro toda a parte frontal do corpo. Talvez por causa disso, desenvolveu-se neles a região flexível do pescoço, permitindo-lhes erguer a cabeça independentemente ou balançá-la para os lados. Os peixes não conseguem fazer isso. Uma sardinha não olha por cima do ombro.

A capacidade de ouvir no ar também melhorou nos anfíbios, mas ninguém sabe o que ouviam antes ou se eles próprios emitiam sons.

MEMBROS

Hoje, muitos anfíbios (salamandras, por exemplo) movem-se pelo chão à maneira dos peixes, como a maioria dos répteis. Jogam o corpo de um lado para o outro como se as ondas lhes passassem pelos flancos. No ar, como outrora no leito dos rios, os membros funcionam como pontos de contato com o chão e impulsionam o corpo para a frente.

Esse movimento de peixe, na terra, põe apenas dois membros em contato com o solo de cada vez, um na frente e outro, do lado oposto, atrás. Isso, porém, não garante boa estabilidade. Para melhorá-la, a cauda tem de ser usada como um terceiro suporte, formando uma trípode, ou então a barriga do animal precisa encostar-se à terra. Isso teria ajudado um pouco, mas apenas em superfícies macias ou encosta abaixo. A evolução resolveu o problema alterando a maneira de andar de alguns dos nossos ancestrais primitivos. Eles agora pousavam três pernas no chão enquanto erguiam o corpo. As atuais salamandras e répteis costumam empregar esse método, embora os anfíbios usem também dois apoios para andar.

Essa mudança na maneira de andar afetou enormemente a forma dos nossos braços e pernas. Em vez de permanecer como meras projeções semelhantes a pinos, os membros desenvolveram uma curvatura, cotovelos e joelhos simples que dobravam a extremidade para baixo para apoiar-se mais firmemente no chão. Os músculos também se fortaleceram, permitindo que a extremidade do membro pressionasse o solo e intensificasse o movimento para a frente. Já então nossos ancestrais não dependiam apenas da flexão da espinha e dos músculos do corpo. As extremidades das pernas mudaram igualmente. Nas espécies primitivas, tendiam a ser continuações retas dos membros. Graças ao contato maior com o chão, as extremidades adquiriram sua própria curvatura, surgindo assim os rudimentos dos pulsos e calcanhares.

DEDOS DOS PÉS E DAS MÃOS

Mais ou menos 360 milhões de anos atrás, o mundo começou a mudar. Movimentos da crosta terrestre formaram pântanos enormes, responsáveis pelas vastas reservas atuais de carvão, e teve início o período pré-histórico chamado Carbonífero ("que carrega carvão").

Por essa época, na maioria dos anfíbios — se não em todos —, a seleção natural parece ter padronizado o número de dedos em cinco no máximo. Todos os animais de quatro patas que apareceram depois têm cinco dedos em cada uma, embora mais tarde certos grupos perdessem alguns. Curiosamente, os anfíbios de hoje apresentam cinco dedos nas patas traseiras, mas só quatro nas dianteiras. Não se sabe se as patas dianteiras perderam um dos cinco dedos primitivos ou se os modernos anfíbios, numa fase remota da evolução, provieram de uma linhagem anfíbia antiga, com mais de cinco dedos, e desenvolveram os seus quatro independentemente do resto de nós.

O QUE HERDAMOS DOS NOSSOS ANCESTRAIS, OS ANFÍBIOS

Nossa fase como anfíbios nos deixou com: um pescoço flexível; cotovelos; joelhos; pulsos; calcanhares; cinco dedos nos pés e cinco dedos nas mãos (o que levou ao sistema decimal e à porcentagem). Foi então que perdemos as barbatanas, as brânquias e boa parte das escamas.

Capítulo Oito

Quando éramos répteis

Até essa época, os anfíbios tinham de voltar à água para se alimentar. Todos nasciam de ovas gelatinosas. Mas isso mudou quando, cerca de 310 milhões de anos atrás, eles desenvolveram um ovo revestido por uma membrana capaz de impedir que a água de dentro evaporasse e o oxigênio de fora entrasse. Esses anfíbios já não precisavam correr para a água para alimentar-se: estavam se transformando em répteis. O ovo com casca foi uma tremenda inovação, uma cápsula espacial que levava o embrião para um ambiente estranho, seco, dentro de uma bolha oriunda do lar ancestral.

Esses novos répteis (do latim *reptilis*, "que rasteja") desenvolveram também uma pele à prova-d'água a partir de escamas leves, flexíveis e córneas constituídas principalmente por queratina, portanto diferentes das escamas pesadas de seus ancestrais peixes e anfíbios. A queratina é a mesma substância que forma nossos cabelos e unhas, bem como as penas das aves.

Essas mudanças exigiram tempo e só há cerca de 280 milhões de anos os répteis plenamente adaptados à vida em terra firme evoluíram.

A MARCHA DOS RÉPTEIS

O problema para todo animal terrestre é a força da gravidade. O peixe flutua na água, praticamente sem peso. Os quadrúpedes de hoje ou repousam o peso de seus corpos no chão, como os lagartos (com as patas estendidas dos lados num gesto que foi descrito como de pressão constante para erguer-se), ou se mantêm acima do solo sobre pernas verticais ou quase verticais, como os cães e as vacas. A passagem para a perna vertical começou em algumas espécies e foi aperfeiçoada tanto por nossos ancestrais répteis quanto por seus primos, os dinossauros.

Nosso ancestral, nessa época, deve ter pertencido a um grupo de répteis dotados de uma grande crista dorsal, os pelicossauros ("lagartos de penacho", em grego).

O dimetrodonte, um pelicossauro de 3 m de comprimento.

Alguns biólogos sugeriram que a crista pode ter sido uma espécie de painel solar que maximizava a coleta de calor do sol nesses animais de sangue frio. Porém, nem todos os pelicossauros tinham essas cristas: algumas espécies posteriores passaram muito bem sem elas. Os pelicossauros, répteis de grande porte — alguns atingiam 3 m de comprimento —, eram os animais terrestres dominantes na época, embora alguns pareçam ter sido predadores que comiam peixes e anfíbios, vivendo ainda, portanto, perto da água.

Há mais ou menos 240 milhões de anos, os pelicossauros desapareceram quase todos, mas um grupo sobreviveu e mudou o bastante para merecer seu próprio nome científico: terapsídeos ("fera encurvada" em grego). Nós descendemos dos terapsídeos.

MEMBROS E ESPINHA

A fase de terapsídeos mudou bastante nossa espinha e costelas, provocando importantes alterações posteriores nos braços e nas pernas. Os terapsídeos tinham uma postura menos escarrapachada que seus predecessores, com as pernas estendidas debaixo do corpo. Aparentemente, passavam mais tempo longe da água que os pelicossauros, e, quando começaram a aperfeiçoar a capacidade de movimentar-se em terra, aconteceram várias coisas que mudaram nosso corpo para sempre. A primeira foi a remoção de partes do esqueleto que impediam uma caminhada mais rápida e enérgica. Os répteis herdaram dos anfíbios a flexão lateral da espinha e ainda possuíam costelas na maioria das vértebras, entre as pernas dianteiras e traseiras. Quando estas ficaram mais fortes e passaram a desempenhar um papel mais ativo na impulsão do corpo para a frente, surgiu a tendência, nas costelas da frente de cada perna traseira, a juntar-se quando a coluna se curvava para o lado. A seleção natural resolveu o problema removendo as costelas dessa parte da espinha. Isso criou uma região notoria-

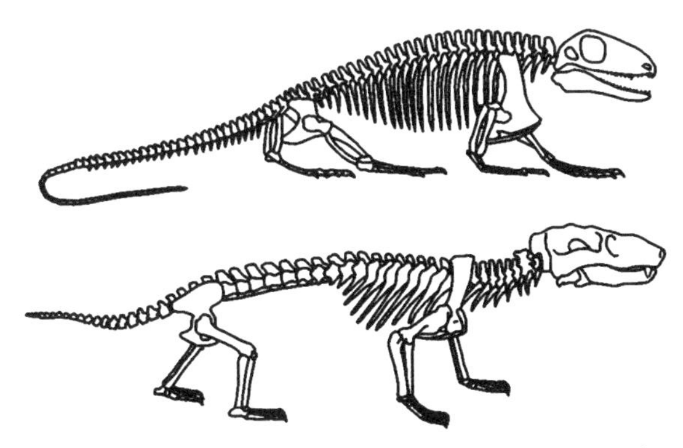

Esqueletos de pelicossauro e terapsídeo mostrando a perda das costelas na frente das pernas traseiras.

mente diferente na coluna, que hoje chamamos lombar, e conservou uma caixa torácica apenas na parte posterior das pernas da frente. Essa solução para dar mais eficiência ao movimento explica por que, hoje, não temos costelas na parte inferior das costas nem por cima do estômago.

A segunda mudança ocorrida quando os terapsídeos se tornaram melhores caminhantes foi que os pés se deslocaram para a parte de baixo do corpo. Um animal que pousa o corpo inteiro no solo não consegue se mover com rapidez nem eficiência; e erguer o corpo do solo sobre pernas que se projetam para os lados exige músculos grandes, além de muita força. Tente você mesmo. Deite-se de bruços e, pressionando o chão com as mãos, levante o corpo. Será fácil se você as colocar perto dos ombros. No entanto, quanto mais afastá-las para os lados, mais dificuldade encontrará em erguer o corpo e conservar a posição. Um animal que mantenha as pernas verticais ou quase verticais sob o corpo pode usar ossos como os da coluna para sustentar seu peso enquanto os músculos apenas fazem pequenos ajustes de postura e equilíbrio. Podemos ficar em posição ereta por muito tempo; mas agachados, com as coxas paralelas ao chão, é muito cansativo.

COTOVELOS E JOELHOS

Em nossos ancestrais terapsídeos, o reposicionamento dos membros ocorria quando giravam os dianteiros para trás, de modo que o braço recuava ao longo do flanco, e os traseiros para a frente, de modo que as coxas apontavam para diante, ao longo do flanco.

As diferentes direções de rotação para as pernas deixavam a articulação no meio da perna dianteira curvada em direção oposta à da articulação no meio da perna traseira. É por isso que nossos cotovelos e joelhos ainda se dobram em sentidos contrários, como acontece com todos os mamíferos e os outros descendentes dos répteis, as aves. As pernas das aves e dos dinossauros bípedes como o *T. rex* dão

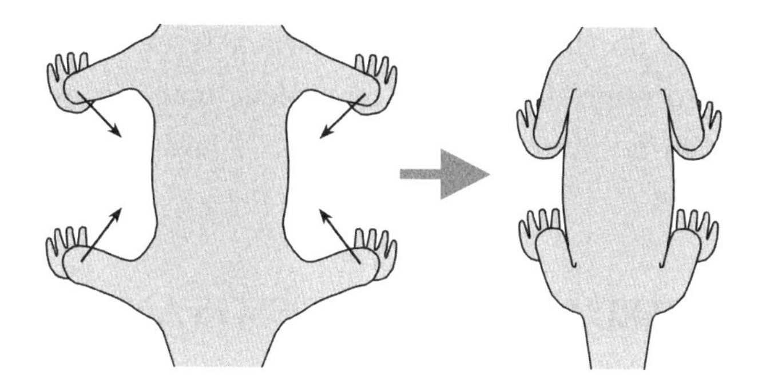

a impressão de que seus joelhos se curvavam para trás e não para a frente, tal como ocorre com as pernas traseiras de muitos mamíferos (gatos, cães, cavalos). Mas não era assim. E a razão disso será examinada mais adiante.

Há cerca de 240 milhões de anos, um novo grupo de terapsídeos surgiu, os cinodontes ("que têm dentes de cão", em grego). Alguns eram herbívoros, mas a maioria carnívoros, daí sua dentição canina. Os cinodontes dominaram a terra pelos dez milhões de anos seguintes. Seus membros ficavam diretamente sob o corpo e, segundo alguns indícios, estavam a caminho de tornar-se animais de sangue quente. Outros répteis, como todos os vertebrados antes deles, dependiam do sol para aquecer-se e elevar suas taxas metabólicas. Os cinodontes, com seus tímpanos rudimentares, tinham também ouvidos melhores para captar sons da atmosfera. No começo, muitos cinodontes eram do tamanho de um cachorro grande, mas espécies posteriores ficaram menores, com não mais de 25 cm de comprimento.

Os terapsídeos eram agora os animais terrestres dominantes, depois de superar os outros répteis e os anfíbios sobreviventes. No entanto, por volta de 210 milhões de anos, seu reinado terminou, quando muitos já tinham desaparecido. O último foi extinto nos sessenta milhões de anos seguintes, porém não antes de um grupo de cinodontes evoluir para um novo tipo de animal, pequeno e semelhante a um roedor. Foi esse o primeiro mamífero. Um belo dia seus descendentes, o grupo do *Homo sapiens*, herdaria a Terra; mas antes disso, vindo de outro ramo da família dos répteis, mais um rei apareceu. Estava-se agora no período jurássico — e o jurássico foi o período dos dinossauros.

O QUE HERDAMOS DOS NOSSOS ANCESTRAIS, OS RÉPTEIS

Nossa fase como répteis nos deixou com: uma pele impermeável, sem escamas; uma região lombar, na espinha, destituída de costelas; cotovelos e joelhos que se curvam em direções opostas e tímpanos, além da etapa de transição para o sangue quente. Foi também por essa época que perdemos a necessidade de correr para a água para ter filhotes.

Capítulo Nove

Mamíferos

Nossos primitivos ancestrais mamíferos conviveram com os dinossauros cerca de 150 milhões de anos, sem que sua presença fosse notada. Somente quando a maioria dos dinossauros desapareceu, 65 milhões de anos atrás, é que os mamíferos saíram da obscuridade e começaram a ganhar espaço. Iriam evoluir para o amplo leque de formas que dominam grande parte do planeta atualmente.

Os mamíferos se caracterizam por apresentar, entre outros traços, pelos e glândulas mamárias, de onde seu nome (*mamma*, em grego antigo, significa "seio"). Hoje, existem três grupos de mamíferos: monotremados, marsupiais e placentários. O menos comum deles é o dos monotremados (do grego para "um orifício", pois seu intestino, bexiga e aparelho reprodutor possuem a mesma abertura). Seus únicos representantes vivos são o ornitorrinco de bico de pato e duas espécies australianas de tamanduás, que põem ovos mas amamentam os filhotes quando eles saem da casca.

Os marsupiais geram filhotes bem pequenos, em etapa muito precoce de desenvolvimento, e alimentam-nos numa bolsa (*marsupium*, em latim), onde crescem sugando o leite da mãe.

Os mamíferos placentários, como nós, humanos, mantêm os filhos dentro do corpo até um estágio mais avançado de desenvolvimento, nutrindo-os por meio da placenta.

Nenhum desses três grupos é mais evoluído que os outros; cada qual representa uma solução para a reprodução dos mamíferos, embora os mamíferos primitivos provavelmente pusessem ovos de casca mole como os monotremos, à maneira de seus ancestrais répteis.

Grande parte dos mamíferos deve ter deixado de pôr ovos e passou a conservá-los dentro do corpo ao longo do processo de desenvolvimento porque era mais vantajoso movimentar-se livremente durante a gestação do que ficar confinado a um ninho. Talvez o estilo de vida nômade ou a capacidade de gestar no alto das árvores, longe dos perigos do solo, desse aos primitivos mamíferos uma chance maior de sobrevivência. Qualquer que seja o motivo, a casca dos ovos internos desapareceu e outras modificações ocorreram.

GLÂNDULAS MAMÁRIAS

As mamas ilustram outro traço comum aos mamíferos, a presença de glândulas na pele. Répteis e aves possuem essas glândulas em número limitado, mas os mamíferos as apresentam em grande quantidade e de vários tipos. Historicamente, as mamas são simplesmente concentrações de glândulas epidérmicas dilatadas. E o leite não passa de suor modificado.

O número e a distribuição das mamas entre os mamíferos variam muito. Os humanos têm dois, não quatro, seis ou oito como outras espécies (alguns gambás possuem nada menos que vinte). As mamas se localizam sempre na parte frontal do corpo. Em alguns mamíferos, estendem-se por todo o comprimento (porcas, cadelas) ou apenas entre as pernas de trás (vacas, éguas, ovelhas). Nas fêmeas humanas e de outros primatas, porém, só aparecem entre os membros superiores.

PELO

O pelo foi uma nova evolução nos mamíferos, mas sua origem exata é obscura. A outra ramificação dos répteis, os pássaros, criou penas que são quase certamente escamas modificadas. Eles ainda conservam algumas escamas intactas, conforme se vê nas pernas das galinhas. Alguns mamíferos também possuem escamas na pele, como as da cauda dos ratos, mas não se tem certeza de que os pelos sejam escamas modificadas.

Como quer que o pelo tenha evoluído, ele proporcionou tanto um material isolante para os novos mamíferos de sangue quente quanto cores para proteção e sinalização. Hoje, existem pelagens: pretas (panteras — que são apenas uma variedade preta do leopardo e do jaguar); quase brancas (ursos polares e outros mamíferos árticos durante o inverno); pretas e brancas (zebras, jaritataca, pandas gigantes); cinzentas (lobos), e muitas tonalidades de marrom, embora algumas espécies tendam para amarelos e alaranjados exóticos (girafas, tigres e onças pintadas). Todas essas cores são produzidas por um pigmento, a melanina, que existe sob duas formas: uma, preta ou com matizes de marrom; a outra, vermelha tirante ao amarelo. (A propósito, a melanina é também o pigmento que dá cor à pele humana.) Não existe pelo esverdeado; porém, de qualquer maneira, muitos mamíferos não enxergam o vermelho e o verde. Enxergam o azul e o amarelo, mas têm dificuldade em distinguir o vermelho, o verde, o alaranjado e o marrom. Entre os mamíferos, só os primatas possuem visão para as cores como nós. Aos olhos de uma raposa, o coelho tem a mesma cor da relva. O coelho vê a raposa do mesmo jeito.

Os humanos são intrigantes quando se considera o tipo racial europeu, pois só nessa espécie a cor dos cabelos parece percorrer o leque inteiro das possibilidades dos mamíferos. Os cabelos brancos, ou a presença de mechas brancas ou cinzentas em cabelos escuros, são quase sempre um sinal da idade; cada um de nós possui cabelos de uma só cor, sem listras, manchas ou pintas. Os outros únicos mamíferos que apresentam esse amplo leque de cores capilares numa única espécie são os animais domésticos deliberadamente manipulados para exibir certas nuanças e padrões.

Várias hipóteses foram aventadas para explicar por que alguns mamíferos selvagens possuem pelagem listrada ou pintada. Em geral, o motivo apresentado é a camuflagem. No entanto, os leopardos têm pintas e o pelo do leão, que vive nas mesmas savanas, é liso: isso não se explica, a menos que o fato de os leões (mais exatamente, as leoas) caçarem em grupo seja relevante. Também parece estranho que todas as espécies de onças pintadas apresentem padrões diferentes. Se o padrão existisse para fins de camuflagem, seria de esperar que espécies diversas desenvolvessem um só. Talvez, em se tratando de um mamífero incapaz de ver determinadas cores, padrões contrastantes de pintas pretas, círculos ou listras sejam um modo de se identificar em presença de outros indivíduos da mesma espécie. Outros vertebrados podem fazer com as cores a mesma coisa.

MEMBROS E ESPINHA

Os anfíbios primitivos, com membros que se projetavam dos flancos em ângulos retos, só podiam andar acionando-os à maneira da braçada do nado livre (estilo muito apropriadamente chamado *crawl*, "rastejamento"), em que se exige um amplo movimento circular com os braços distanciados do corpo.

Quando nossos velhos parentes mamíferos (ou répteis transformando-se em mamíferos primitivos) transferiram seus membros para debaixo do corpo, seu andar assumiu a forma de um arco menos pronunciado no plano para a frente/para trás, sempre na direção da marcha.

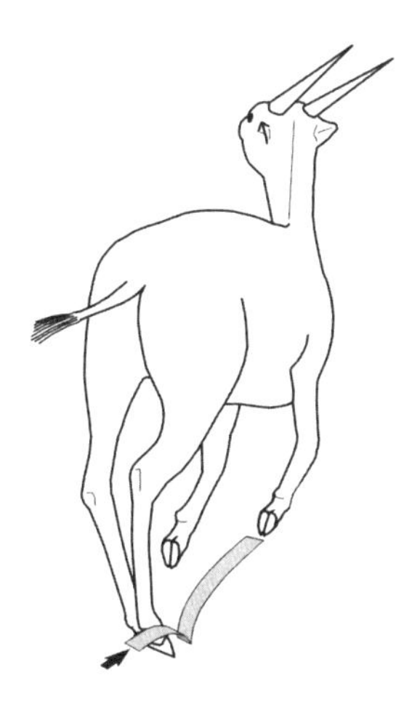

As pernas sob o corpo fizeram com que o animal deixasse de se arrastar pelo chão e se flexionasse de um lado para o outro a cada passo. A espinha permanecia em linha reta e os membros davam passadas para a frente, com os músculos das pernas dando o impulso. Apesar do esforço extra, esses músculos na verdade se tornaram menores, o que se deveu, sem dúvida, ao fato de o peso repousar agora sobre ossos quase verticais. Assim, os músculos se prestavam ao movimento, não à sustentação. Tais mudanças deram muito maior eficiência ao andar, que exigia menos energia e esforço que o rastejamento anterior.

A nova postura praticamente se universalizou entre os primitivos mamíferos, de modo que a maioria deles, hoje, mantém o corpo bem longe do chão, sobre pernas quase verticais. Alguns répteis adotaram também a postura ereta (os dinossauros são o exemplo mais óbvio). Seus descendentes, os pássaros, exibem igualmente essa característica. A maioria dos répteis que ainda existem conserva o rastejamento ancestral, mas alguns conseguem erguer-se nas patas para correr quando necessário. Os crocodilos se arrastam quando estão à beira da água, com a barriga encostada no chão, ou quando se movem lentamente; mas, se precisam correr, estiram as pernas na vertical e levantam o corpo. Isso não apenas diminui a resistência ao avanço como aumenta a largura das passadas. Os crocodilos talvez pareçam letárgicos em terra, mas é melhor não pôr à prova sua capacidade de velocistas.

POR QUE CONSEGUIMOS DAR DE OMBROS

Na parte posterior do esqueleto do mamífero, a pelve se funde diretamente com a espinha. Isso a torna bastante estável para a inserção das já agora muito fortes pernas traseiras. Com a pelve soldada dessa maneira, nenhum tecido macio absorve os impulsos, de modo que toda arremetida das pernas traseiras empurra a espinha, e portanto o corpo, para a frente. As pernas dianteiras não colaboram muito para esse impulso e são usadas mais para mudar a direção do avanço. Os mamíferos têm os membros dianteiros ligados aos ossos dos ombros, mais exatamente às escápulas; porém, ao contrário da pelve, prendem-se à espinha por meio de músculos. Nota-se facilmente a diferença no fato de — como mamíferos — podermos erguer os ombros, mas não os quadris. Nos mamíferos quadrúpedes, os ligamentos musculares dos ombros funcionam também como amortecedores quando as pernas dianteiras calcam o chão na corrida. Isso diminui a trepidação no crânio e nos olhos, que precisam estar totalmente empenhados no ato de correr. Esse dispositivo amortecedor apresenta vantagens para nós também. Se nossos ombros estivessem fundidos com a espinha, como a pelve, acionar uma furadeira elétrica ou uma britadeira literalmente estraçalharia nossos miolos.

A pelve soldada à espinha apresentava um problema aos mamíferos primitivos. Quando uma perna traseira se levantava para dar o passo, a pelve toda precisava enviesar-se para acompanhá-la. Ao mesmo tempo, na outra extremidade do corpo, a perna dianteira diagonalmente oposta completava o movimento, e o ombro, do mesmo lado, ainda estava erguido. Em consequência, andar forçava a espinha a torceduras alternadas em toda a sua extensão, a parte traseira para um lado, a dianteira para outro. Seria como torcer uma peça de roupa molhada. É graças a isso que conseguimos virar os quadris numa direção e os ombros em outra. Trata-se de uma habilidade sem a qual não poderíamos jogar golfe. Outros vertebrados não conseguem fazer o mesmo. De igual modo, somente os mamíferos com suas espinhas flexíveis e suas pernas reposicionadas podem deitar-se de lado (e levantar-se). Os répteis só se deitam sobre o ventre.

Agora com os membros debaixo do corpo ereto, podendo mover-se para a frente e para trás, outra mudança ocorreu na espinha. Em vez de ondular para os lados como a de um peixe, o que já não ajudaria a caminhada, a espinha começou a flexionar-se para cima e para baixo. Quando a porção traseira da espinha se inclinava para baixo e uma perna traseira encetava o passo à frente, o pé pousava no chão um pouco mais adiante do que se a espinha fosse rígida e apenas a perna se movesse. Isso aumentava a largura da passada, tornando o caminhar e o correr ainda mais eficientes. A nova capacidade de inclinação vertical é também o motivo de podermos nos dobrar e tocar os dedos dos pés.

A passagem para a flexão vertical da espinha teve depois consequências importantes para um determinado grupo de mamíferos. Quando o ancestral quadrúpede das baleias e golfinhos voltou ao oceano e de novo usou a cauda para nadar, esta agora se dobrava para cima e para baixo, não para os lados como a dos peixes primitivos.

POR QUE MONTAMOS CAVALOS E NÃO GATOS

Poucos mamíferos aperfeiçoaram mais a flexão vertical que o leopardo. Quando ele corre, sua espinha se curva como um arco, primeiro para cima, depois para baixo. No momento em que a porção mediana da espinha se curva para baixo, as patas dianteiras se estendem bem para a frente, maximizando-lhes o alcance. Com as patas dianteiras pousadas no chão, a espinha se curva em sentido contrário, para cima, enquanto as patas traseiras são impulsionadas para a frente.

Graças a essa flexibilidade da espinha, os pés traseiros na verdade tocam o chão um pouco à frente dos dianteiros. Os músculos das patas traseiras podem então empurrar o animal para a frente, ajudados pelos músculos das costas quando a espinha se estira e em seguida se encurva na direção oposta. Isso lembra os movimentos de um remador olímpico, que se inclina até quase tocar os pés e depois, arqueando as costas, aciona os músculos das pernas.

Essa flexibilidade espinal contribui para a grande velocidade do leopardo, mas nós deveríamos ficar agradecidos pelo fato de o cavalo se valer de um sistema diferente. Se a espinha do cavalo se movesse como a espinha do leopardo, montá-lo seria como cavalgar um assento ejetor.

Os cavalos e outros animais de cascos mantêm a espinha mais ou menos na horizontal quando correm. Ao contrário dos leopardos, eles não foram feitos para impulsos rápidos; evoluíram para vagar demoradamente em campo aberto, em marcha ritmada. O leopardo corre mais rápido que qualquer outro animal, ultrapassando os 110 km/h, mas em arremetidas breves. O cavalo conserva o mesmo meio-galope por horas. Diversas modificações em seu corpo de mamífero é que lhe permitem isso.

Em primeiro lugar, as patas do cavalo se alongaram à medida que os pés se estendiam e os calcanhares se distanciavam do solo. Vários mamíferos caminham sobre os dedos dessa maneira, inclusive cães e

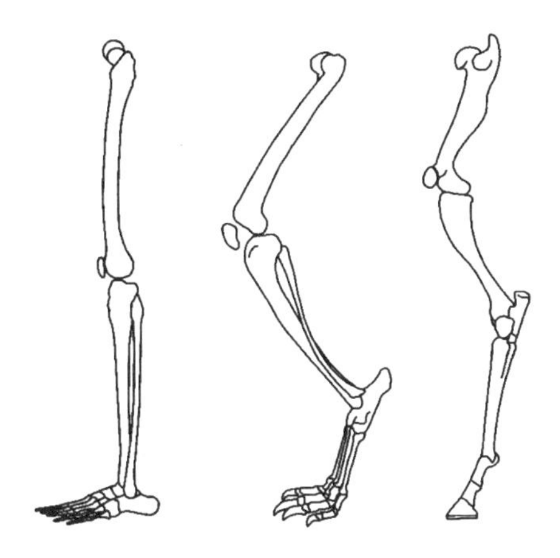

Membros traseiros do homem, do cão e do cavalo
(fora de escala), mostrando nossa postura sobre os pés achatados,
com os calcanhares no chão, o apoio permanente nos dedos
(cães e gatos) e a postura de bailarina dos cavalos.

gatos, mas os cavalos levaram o método um pouco mais longe: ficam nas pontas dos pés, como as bailarinas.

Essa postura, juntamente com o notável alongamento dos ossos, aumenta a largura da passada e maximiza a velocidade com pouco gasto de energia. Na perna traseira, aquilo que parece o joelho do animal apontando para trás é na verdade seu calcanhar, agora permanentemente distanciado do chão e mais ou menos no meio da perna. O joelho está mais acima, perto do corpo, e aponta para a frente conforme o esperado. Na perna dianteira do cavalo, o que tomamos por joelho é o pulso. O cotovelo, como o nosso, aponta para trás e também está agora no alto da perna.

Em segundo lugar, a perna do cavalo ficou mais leve graças a uma redução no número de ossos. Os dedos laterais, nas quatro patas, encolheram até quase desaparecer, permanecendo apenas o do meio. O número de ossos no pé diminuiu e os dois paralelos, da porção inferior da perna, se tornaram um só. A perda de peso é importante, pois toda vez que o cavalo dá um passo, sobretudo ao correr, precisa erguer a perna e lançá-la à frente. Quanto mais pesada for a perna, principalmente nas imediações do pé, mais força o animal terá de fazer para movê-la. Uma perna mais leve pode ser movida mais rapidamente com muito menos esforço.

Em terceiro lugar, mas pela mesma razão, os fortes músculos que operam a perna não se acham perto dos ossos que precisam mover. Os músculos de nossas panturrilhas podem ser muito desenvolvidos e estão na extremidade das pernas, onde se erguem toda vez que ensaiamos um passo. No cavalo, os músculos maciços encontram-se todos no alto das pernas, nas partes traseiras e ombros. Ligam-se aos ossos da porção inferior das pernas e pés por meio de tendões leves, semelhantes a fios (são chamados às vezes de nervos). Os músculos acionam os tendões que, por sua vez, acionam os ossos e movimentam as pernas. Todas essas adaptações proporcionam ao cavalo membros leves e esbeltos, que podem correr em alta velocidade por longos períodos sem fatigar o animal.

Às vezes, os tendões promovem diretamente o movimento por causa de sua elasticidade natural. O mais conhecido é o nosso tendão calcâneo, atrás do calcanhar. No canguru, ele é bem longo e suas propriedades elásticas são usadas quando o animal salta. Grande parte do impulso provém do recuo natural do tendão, não das fortes contrações dos músculos. Isso permite ao canguru mover-se com rapidez e pouca energia, como uma pessoa num pula-pula, no qual a mola faz o trabalho todo.

VELOCIDADE E PERDA DE DEDOS

Os cavalos atuais ficam na ponta do terceiro dedo das patas dianteiras e traseiras. Seus ancestrais já haviam aperfeiçoado essa postura de um dedo só há cerca de cinco milhões de anos, após deixar a floresta de origem e adotar o modo de vida da estepe.

Muitos animais contemporâneos, especialmente os mamíferos de casco, têm menos que os cinco dedos de outrora. Os rinocerontes caminham com três dedos, enquanto as vacas e os veados o fazem na ponta de dois, que parecem um casco com uma fenda no meio e lhes valeram o nome de animais "de casco fendido". A redução de dedos

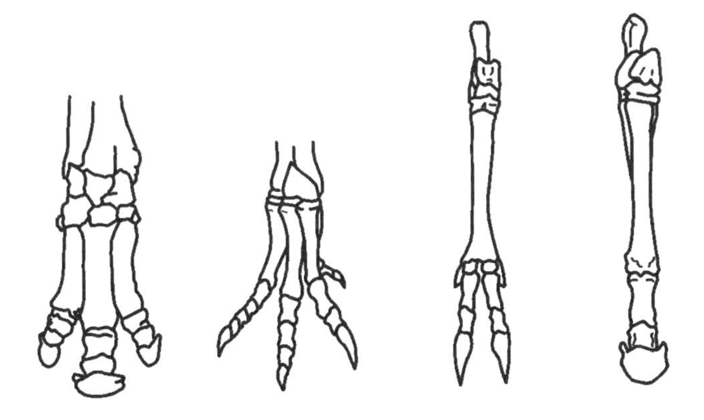

A redução de dedos no rinoceronte, no dinossauro carnívoro alossauro, no veado e no cavalo (fora de escala).

não se restringe aos mamíferos. O *Tirannosaurus rex* e muitos de seus parentes caminhavam com três dedos; e, entre os pássaros, a avestruz terrestre corre hoje com apenas dois.

Nós, humanos, não passamos por nenhuma etapa evolucionária que nos exigisse movimentação rápida em campo aberto. Durante a maior parte de nossa história, temos sido criaturas de vegetação rasteira e bosques. Em resultado, conservamos todos os dedos nas mãos e nos pés, e ainda caminhamos sobre as solas, com os calcanhares tocando o chão. Poucos mamíferos ainda fazem isso; a rara exceção são os ursos.

SANGUE QUENTE

Na qualidade de mamíferos, somos animais de sangue quente, embora essa designação se aplique às espécies capazes de manter uma temperatura interna constante, não importa qual seja a do ambiente. Tanto mamíferos quanto pássaros são assim e deveriam, por isso, ser chamados de "animais de temperatura constante".

Do mesmo modo, peixes, anfíbios e répteis não têm sangue frio, eles simplesmente recorrem ao meio circundante ou ao efeito direto da luz solar para obter o calor necessário ao seu metabolismo. Se o ambiente for frio, tendem a ficar morosos; mas, se for tépido, tornam-se bastante ativos. Quem observa uma tartaruga se arrastando penosamente pelo jardim, num país europeu, e depois viaja aos trópicos, onde esses bichos disputam verdadeiras corridas sob um sol tropical, não precisa de mais explicações a respeito. Na Inglaterra, por exemplo, não se recomendam hoje as tartarugas como animais de estimação, para grande benefício delas próprias.

A vantagem do sangue quente é que o animal pode ser ativo independentemente das condições ambientais. Isso ajuda porque lhe permite buscar o alimento disponível quando o sol não está brilhando. Talvez os mamíferos tenham desenvolvido sua natureza de sangue quente a fim de aproveitar uma oportunidade de avançar enquanto os répteis progrediam lentamente no frio da noite.

A desvantagem do sangue quente é que o animal perde muita energia apenas para permanecer aquecido. Assim, tem de comer a intervalos regulares, mesmo quando não está ativo. A cobra se contenta com uma única refeição por mês; mamíferos e aves, porém, morrem após alguns dias sem comida.

Um animal de temperatura constante como o mamífero também precisa mantê-la mesmo quando faz trabalho pesado (correr, subir em árvores) ou quando o meio circundante está muito quente. Diversos mamíferos resolveram o problema desenvolvendo glândulas sudoríparas na pele. A umidade que elas exsudam se evapora e leva consigo o calor do corpo. O calor se perde igualmente por evaporação nos pulmões, boca e nariz, motivo pelo qual alguns mamíferos ofegam quando estão com calor. Espécies diferentes de mamíferos apelam, em diferentes medidas, para o recurso de transpirar e ofegar. Os cães só têm glândulas sudoríparas nos pés, por isso ofegam para eliminar o calor, principalmente pelo nariz e pulmões. Também estiram a língua para fora, intensificando assim a evaporação. Nós ofegamos quando estamos quentes, mas preferimos transpirar e nos abanar para mais rapidamente ficar livres do suor (é por isso que o leque nos refresca). Nós, é claro, podemos também tirar as roupas, técnica não disponível para os outros mamíferos.

GÔNADAS MASCULINAS

Com o risco de parecermos indelicados, um aspecto curioso do corpo dos mamíferos é a descida dos testículos para uma bolsa de pele, o escroto, que pende da parte externa da cavidade corporal. Isso acontece na maioria das espécies, em geral permanentemente, mas às vezes — como nos esquilos e alguns morcegos —, apenas na época do acasalamento. Nos mamíferos, isso não ocorre com nenhum outro órgão. Não temos, suspensas às costas, duas bolsas contendo nossos rins nem um enorme fígado pendular balançando na parte inferior da nossa caixa torácica. Mesmo as gônadas femininas (ovários) não se projetam do corpo; assim, por que isso se dá com as masculinas, é um mistério.

Pela explicação comum, os testículos precisam ser mantidos frios, pois a formação do esperma ocorre mais facilmente numa temperatura mais baixa (de 1 a 3 graus) que a do interior do corpo; porém, elefantes, tatus, preguiças, baleias e focas têm todos testículos internos. O mesmo sucede com os pássaros — e a temperatura deles é mais elevada que a dos mamíferos. Galinhas e periquitos australianos mantêm uma temperatura de 41°C, enquanto a do homem é de 37°C. Com certeza, se os testículos evoluíram para ficar dentro do corpo, devem tê-lo feito para suportar a temperatura interna. "Ficar frios" não parece explicar bem sua expulsão. Seria mais lógico concluir que a formação do esperma é mais eficiente numa temperatura menor que a do interior do corpo porque os testículos, nos mamíferos, evoluíram para trabalhar na parte externa, em temperatura mais baixa, e não o contrário. Todavia, se não for assim e o problema da formação do esperma foi *mesmo* a temperatura mais elevada em alguns répteis, talvez seja sina do homem padecer a indignidade de uma solução evolucionária imperfeita, que no entanto funcionou. Quando a temperatura corporal subiu nos répteis precursores dos mamíferos e aves, acredita-se que estas solucionaram o problema alterando a fisiologia da formação do esperma nos testículos, enquanto aqueles deslocavam os seus para fora do corpo. Isso pode parecer embaraçoso e um tanto inconveniente; mas, como funcionou, persistiu.

Não importa a razão da descida dos testículos nos mamíferos, ela só foi possível porque eles deslocaram as pernas para baixo do corpo e o distanciaram do chão. O corpo dos anfíbios e répteis raramente se afasta muito do chão.

O QUE HERDAMOS DOS NOSSOS ANCESTRAIS MAMÍFEROS QUADRÚPEDES

Nossa fase como mamíferos quadrúpedes nos legou: sangue quente; pelos e cabelos; transpiração; mamas; testículos dependurados e a capacidade de girar ombros e quadris em sentidos opostos, e de tocar os dedos dos pés. Também passamos a nos desenvolver no ventre materno e não mais dentro da casca de um ovo, num ninho, e mamar logo após o nascimento.

Capítulo Dez

Primatas

Somos primatas. As origens remotas desse grupo de mamíferos ainda não fazem parte do registro fóssil, mas, há 55 milhões de anos, existiam alguns pequenos primatas semelhantes a esquilos na América do Norte e na Europa, possivelmente aparentados aos roedores.

Não devemos estranhar que o registro fóssil seja falho para os primatas. Eles parecem ter vivido principalmente nos bosques, cujo solo não é favorável à transformação de ossos em fósseis. Sua leve acidez corrói os ossos, enquanto as raízes das plantas e a umidade constante favorecem, não a preservação, mas a deterioração. Quando o clima muda e as árvores desaparecem, o solo fica sujeito a uma rápida erosão, que destrói quaisquer ossos ali depositados. Encontram-se fósseis com mais facilidade em sítios onde camadas de sedimentos e cinzas cobriram os resquícios, pois a falta de oxigênio impede o desgaste. Em terra coberta de vegetação, é improvável que tal aconteça.

Exceto os humanos, a maioria dos primatas atuais vive ainda nas árvores e florestas. Os dois grupos que conhecemos melhor são os macacos comuns e os grandes macacos. Os comuns apresentam, em geral, uma cauda longa, ao passo que os grandes perderam a sua. A ausência de cauda é um traço tão notório que uma espécie de macaco comum, que também a perdeu, passou a ser conhecida impropriamente como "macaco grande da Barbária". Os macacos comuns usam geralmente a cauda para se balançar enquanto saltam de galho em galho; em alguns, ela é preênsil e pode ser enrolada no galho para atuar como um braço extra. Certas espécies até conseguem ficar suspensas apenas pela cauda enquanto coletam alimento. Os grandes macacos, devido a seu porte avantajado, preferem não se movimentar muito pelos galhos; quando o fazem, balançam-se deles usando os braços.

Na maioria dos mamíferos, os membros mantêm o corpo afastado do chão e ficam encolhidos, mas no primata dependurado de um galho o braço se estica devido ao peso total do corpo. A fim de evitar que isso danifique os músculos do ombro, impróprios para suportar tamanha tensão, os primatas desenvolveram uma clavícula que ajuda a distribuir homogeneamente o peso. Mamíferos corredores como o cavalo e o antílope — que nunca se balançaram em galhos — perderam por completo esse osso.

Ao contrário de outros mamíferos, que não enxergam o verde nem o vermelho, todos os primatas possuem visão para as cores como nós. O fato permite a esses arborícolas comedores de frutas e flores reconhecer quais estão maduras — vermelhas — entre o verde da folhagem. Os primatas acabaram confiando muito mais na visão que em qualquer outro sentido — por isso o nosso olfato não é particularmente apurado, obrigando-nos a usar cães farejadores para localizar de onde vêm certos cheiros.

Hoje, existem macacos comuns nas regiões quentes da América do Sul, África e Ásia, mas os grandes macacos só são encontrados no Sudeste da Ásia (gibões e orangotangos) e na África central (chimpanzés e gorilas). Orangotangos, chimpanzés e gorilas são os "grandes macacos" típicos. Há duas espécies de orangotangos, duas de chimpanzés — o chimpanzé comum e o chimpanzé pigmeu ou bonobo — e uma de gorilas, mas esta com três subespécies: o gorila-do-ocidente, o gorila-do-oriente e o gorila-de-montanha.

Desses todos, nossos parentes vivos mais próximos são os chimpanzés, com quem partilhamos cerca de 99% do nosso DNA. Em outras palavras, só em 1% não somos chimpanzés. Mas a sequência de genes não é tudo: na aparência, diferimos deles muito mais que em 1%. A aparência não depende apenas da sequência de genes, mas também do modo como as instruções transmitidas por eles são postas em prática. Gêmeos idênticos têm genes idênticos e parecem idênticos. Um homem e um chimpanzé possuem genes quase idênticos e parecem muito diferentes. Nos gêmeos idênticos, talvez seja idêntico também o modo como as instruções idênticas são postas em prática, ao passo que nos humanos e chimpanzés as instruções quase idênticas talvez difiram no modo de concretizar-se. Parece, pois, que nesse caso a seleção natural não se deu pela escolha dos genes, mas pelo modo como os genes atuam.

Humanos e chimpanzés evoluíram a partir da mesma espécie ancestral há apenas uns poucos milhões de anos e por isso os últimos têm atraído muito a atenção dos cientistas interessados em nossas origens, especialmente os que estudam a linguagem. As cordas vocais dos chimpanzés não são tão semelhantes às nossas a ponto de lhes permitir falar, ainda que o queiram, mas alguns cientistas garantem poder ensiná-los a se comunicar por sinais. Os chimpanzés assim adestrados não dominam a gramática nem a fraseologia, mas emitem sinais para objetos e algumas palavras. Um deles, chamado Washoe, consegue formar 240 sinais diferentes e às vezes coloca-os juntos para fazer novas combinações que ninguém lhe ensinou — por exemplo, referir-se a uma melancia como "Fruta de Beber". Na floresta, os chimpanzés se comunicam por meio de guinchos e assobios, transmitindo até estados emocionais, mas têm também uma compreensão sutil das expressões faciais, linguagem corporal e gestos. Alguns chegam a inventar seus próprios sinais. Talvez por isso consigam, em cativeiro, adotar a mímica humana.

Como nós, mas ao contrário do gorila, as duas espécies de chimpanzé suplementam sua dieta de folhas, frutas e sementes com até 10% de carne. Os bonobos devoram roedores e cobras, mas os chimpanzés comuns se juntam para perseguir e matar macacos, porcos e antílopes.

As similaridades entre nós e os chimpanzés na organização social, caça coletiva e capacidade de comunicação sugerem que adquirimos muitas de nossas características sociais quando vivíamos nas florestas e não quando nos tornamos *Homo sapiens*. Elas também corroboram a tese de que não somos uma espécie absolutamente distinta das outras, mas apenas parte de uma escala contínua de tipos.

A MÃO DO PRIMATA

Em muitos mamíferos não primitivos, o único órgão preênsil é um par de mandíbulas providas de dentes ou as duas patas dianteiras. Somente os primatas possuem polegares oponíveis altamente desenvolvidos. A mão do primata é, pois, uma estrutura preênsil integrada onde os dedos trabalham em conjunto. Mas, antes de ver a demonstração, leia esta advertência:

AO TENTAR FAZER O QUE SE SEGUE,
NÃO EMPURRE O DEDO MÉDIO PARA BAIXO COM A OUTRA MÃO
QUANDO CURVAR O INDICADOR.
ISSO PODERÁ MACHUCAR O TENDÃO DO ANTEBRAÇO.

Depois de ler a advertência, pouse as costas de uma das mãos numa superfície plana. Em seguida, curve o dedo mínimo até tocar a palma. Observe que o dedo próximo ao mínimo também se levantou sem que você pudesse impedi-lo. Do mesmo modo, curvar o indicador para tocar a palma faz com que o médio se erga. Isso acontece porque a mão evoluiu para agarrar e isso se faz com menor esforço e maior velocidade quando os dedos estão conectados ao mesmo mecanismo preênsil. Na mão, o fechamento é conduzido pelo dedo mínimo. Se você curvar todos os dedos, um por vez, até as pontas tocarem a palma numa pegada rápida e contínua, o processo fica mais fácil e parece mais natural se começar pelo dedo mínimo e terminar pelo médio.

Nos primatas, os polegares se opõem ao restante dos dedos. Dedos oponíveis ocorrem muitas vezes no reino animal, mas poucos grupos contam com esse recurso em todos os seus membros. Aves de poleiro têm dedos oponíveis, mas algumas espécies têm três em oposição a um quarto e outras têm dois em oposição a dois. Certos répteis, como o camaleão arborícola, também possuem dedos oponíveis. Entre os invertebrados, órgãos preênseis oponíveis assumem toda uma variedade de formas, a mais óbvia das quais são as pinças dos caranguejos e escorpiões, mas também as pernas dianteiras de insetos como o louva-a-deus. Todas essas estruturas são usadas para manipular objetos ("manipular" vem do latim *manus*, "mão").

Temos apenas um dedo oponível nas mãos; outros primatas apresentam "polegares" nas dianteiras *e* traseiras. Perdemos o dedo oponível nos pés quando abandonamos as árvores, mas o tamanho do "dedão" trai sua antiga função especial.

As mãos humanas são mais hábeis que as de qualquer símio. Podemos tocar facilmente a ponta do polegar com as pontas dos outros dedos porque ele é relativamente comprido. Os chimpanzés possuem polegares bem mais curtos, capazes de manipular objetos, porém não com a mesma destreza. O polegar se encurtou porque, ao balançar-se dos galhos, os macacos geralmente não os agarram: apenas fazem um gancho com os dedos encurvados e aplicam-no ao galho. Seu polegar mais curto, perto do pulso, não interfere assim com o gancho. Os chimpanzés só seguram o galho quando se movem lentamente ou ficam de pé em cima dele; mas, mesmo então, tal qual a maioria dos grandes macacos, não seguram, apenas se apoiam nos nós dos dedos, como fazem ao caminhar pelo chão.

A mão do primata apresenta outra modificação para o ato de manipular. Na maioria das espécies, a garra se transformou numa unha

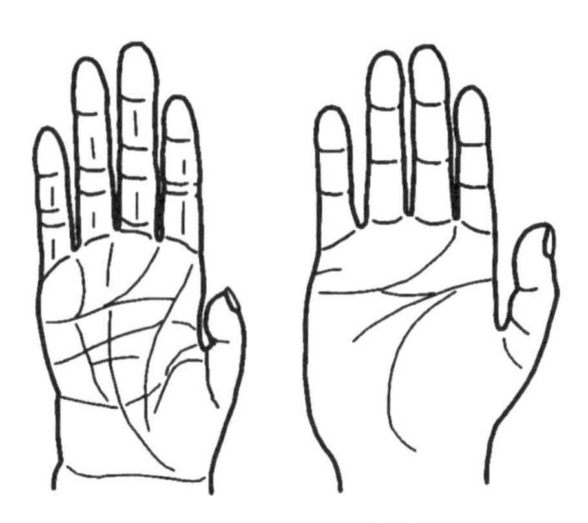

Mãos do chimpanzé e do homem.

achatada. Ela protege a extremidade do dedo, mas permite que o dorso sensível da ponta perceba e controle até mesmo superfícies polidas, recorrendo à fricção para garantir uma preensão forte em vez de apertar o objeto com uma ponta aguçada. Para aumentar a fricção, a pele dessa área é finamente enrugada, o que nos dá as impressões digitais.

MOBILIDADE DO BRAÇO

A mão preênsil evoluiu porque nos permitia uma locomoção mais fácil em meio às árvores; mas árvores não são ambientes muito previsíveis. Galhos podem crescer em várias direções, formando um emaranhado caótico de pontos de apoio. Para atender às necessidades da vida de um primata, a seleção natural precisava encontrar um modo de tornar sua mão capaz de segurar em praticamente todas as posições. Conseguiu isso modificando o braço inteiro e dotando-o de um leque impressionante de movimentos.

Os braços do primata podem girar em todas as direções. Nada mostra isso com maior clareza do que os gestos do nadador. O nado-borboleta, de costas, de peito e em estilo livre fornecem uma demonstração gráfica de praticamente todos os movimentos dos braços do primata. O único que falta é o que caracteriza muitos outros mamíferos: o nado "cachorrinho".

Quando não estamos nadando, podemos pousar uma das mãos no ombro oposto e depois girar o braço horizontalmente até três quartos de círculo a fim de apontar para trás. Podemos também apontar para baixo e em seguida girá-lo num círculo completo diante do corpo (se inclinarmos a cabeça para trás, tirando-a do caminho) ou num círculo completo perto do flanco. Para as poucas posições que não conseguimos assumir usando unicamente a mobilidade dos braços, a conhecida flexibilidade da espinha dos mamíferos, muito desenvolvida nos primatas, vem em nosso socorro. A história, porém, não acaba num braço capaz de virar-se para quase todas as direções. Os galhos podem não apenas estar por todos os lados como crescer em todos os sentidos: horizontal, vertical, diagonal, para a frente, para trás. A fim de competir em condições de igualdade, a mão do primata precisa girar em todas as direções antes de agarrar. A seleção natural resolveu o problema facilitando as conexões entre os dois ossos do antebraço, o rádio e o cúbito. Esses ossos conseguem se entrecruzar e fazer com que o antebraço gire em todo o seu comprimento. Por isso, podemos hoje manter as mãos com as palmas viradas para cima ou para baixo. Outros mamíferos não o podem. Quando colocamos as palmas para cima, os dois ossos ficam paralelos; quando viramos os polegares para dentro, a fim de colocar as palmas para baixo, os dois ossos se entrecruzam. Se você segurar o antebraço com a outra mão, irá senti-los fazendo isso, sobretudo nas imediações do pulso. Quando essa rotação se associa à flexibilidade das outras articulações do braço e do ombro, permite-nos manter a mão estendida diante do corpo e girá-la em até 360°.

E isso ainda não foi o fim da evolução do braço do primata. Podemos também agitar a mão de um lado para outro usando apenas o pulso. Esse movimento permite que soltemos um galho vertical e agarremos um horizontal distanciado do nosso corpo sem imprimir o mínimo movimento ao antebraço.

Como se isso não bastasse, podemos mover cada braço independentemente do outro em quase todas as combinações, um se estendendo para cima e para a frente enquanto o outro se volta para baixo e para trás ou para o lado — ou, ainda, ambos os braços avançando para o mesmo lado em diferentes níveis. Nossos ancestrais conseguiam segurar outros galhos, ao mesmo tempo, com os pés preênseis.

Esse leque impressionante de movimentos é uma realização notável, que não se encontra em outros animais. Cavalos e cães só movem as pernas dianteiras num balanço curto para a frente e para trás; e mesmo os habilidosos esquilos apresentam severas restrições se comparados a pessoas.

VISÃO TRIDIMENSIONAL

Para qualquer animal que viva nas árvores e precise saltar de galho em galho, é imperativo saber não apenas onde, mas a que distância o próximo galho está. Para ter esse tipo de percepção em profundidade, o animal precisa enxergar a mesma imagem com os dois olhos. Só quando dois olhos se fixam num objeto, de pontos de vista ligeiramente diferentes (o espaço entre eles), o cérebro consegue avaliar a distância. Por esse motivo, os olhos dos primatas se deslocaram para a frente do rosto, ficando contíguos como ocorre hoje. Outras espécies de mamíferos possuem olhos adequados a seu estilo de vida. Muitos herbívoros sujeitos a ataques de predadores (coelhos, por exemplo) têm os olhos bem alto nos lados da cabeça, apontando lateralmente. Isso lhes propicia um campo visual de 360°, mas pouquíssima percepção de profundidade.

Os primatas aperfeiçoaram essa percepção à custa do campo visual mais amplo. Mas, para compensar, continuaram desenvolvendo um pescoço flexível e hoje possuem uma das cabeças mais móveis do reino animal. Poucos mamíferos conseguem girar a cabeça para trás tanto quanto os primatas. Ainda não olhamos diretamente para trás; porém, sendo animais sociais, quase todos os primatas se valem da advertência dos outros quanto aos perigos que os ameacem pelas costas.

POSIÇÃO ERETA

Os primatas arborícolas ficam em posição ereta. Isso não surpreende num animal que precisa alcançar os galhos em sua existência no topo das árvores. Postam-se num galho e se estiram para segurar o de cima. Essa capacidade também é vista no chão, onde vários símios podem ficar eretos e até caminhar nas patas traseiras, embora esse não seja o seu método usual de mover-se e pareça desajeitado ou ineficaz. Todavia, ao imaginar nossos ancestrais simiescos deixando as árvores para andar em posição ereta, não devemos supor que essa fosse uma postura nova. Era uma extensão da que já se observara em outros primatas. Nossos ancestrais apenas passaram a adotá-la mais no chão que nos galhos. Assim como os peixes já possuíam pulmões e membros antes de sair da água, assim nós conseguíamos ficar de pé antes de descer das árvores.

GENITAIS MASCULINOS

De novo com o risco de parecermos indelicados, cabe dizer que os primatas machos apresentam mais um traço exclusivo: um pênis permanentemente exposto. Isso talvez se relacione à capacidade dos primatas de erguer-se nas pernas traseiras, o que naturalmente deixa à mostra sua superfície inferior. Nos répteis, o pênis quase sempre se encontra dentro do corpo quando não está em uso. Outros mamíferos (cavalos, bois) provavelmente têm alguma indicação de onde seu pênis se acha, mas o órgão, em si, permanece fora de vista no interior do corpo; poucos mamíferos o têm constantemente exposto.

O QUE HERDAMOS DOS NOSSOS ANCESTRAIS PRIMATAS ARBORÍCOLAS

Dos nossos ancestrais arborícolas, herdamos: mãos preênseis com polegar oponível e grande destreza manual; unhas e impressões digitais; movimentos de braço muito amplos, inclusive antebraço rotatório; clavículas proeminentes; um dedão do pé bem grande; capacidade de equilíbrio nas pernas traseiras; pescoço extremamente móvel; olhos voltados para a frente e percepção de profundidade; capacidade para distinguir o vermelho do verde; e genitais masculinos permanentemente à mostra. Foi essa também a fase em que perdemos a cauda ancestral.

Capítulo Onze

"Hominídeos"

Pensa-se que evoluímos a partir de ancestrais simiescos na África. De início, fez-se essa sugestão porque muitas espécies de grandes macacos ainda vivem naquele continente (com exceção dos orangotangos). Análises modernas, inclusive estudos de DNA, apoiam a tese da origem africana.

Ao que parece, inúmeros primatas simiescos e potencialmente humanoides viveram na África durante os últimos dez milhões de anos. Chamamos os incluídos em nossa própria família de "hominídeos" porque o nome científico dessa família é *Hominidae*. Até recentemente, tínhamos uma opinião muito lisonjeira a respeito de nossa singularidade e, entre as espécies ainda existentes, preferimos nos incluir nessa família, embora nos dispuséssemos a aceitar uma espécie fóssil se ela nos agradasse. Hoje, a maioria das pessoas assume uma atitude mais humilde e realista com respeito à classificação e já consegue reconhecer os grandes macacos — chimpanzés, gorilas e orangotangos — como hominídeos atuais.

Análises recentes de fósseis e DNA indicam que nossos ancestrais se separaram dos ancestrais dos chimpanzés há mais ou menos de cinco a sete milhões de anos. Infelizmente, restaram pouquíssimas evidências fósseis para o período entre dez e quatro milhões de anos atrás (pois se tratava de animais da floresta). O que os cientistas podem dizer sobre nossos ancestrais é: a evolução modificou a arquitetura de seus corpos simiescos de várias maneiras. A mandíbula ficou menos proeminente, com caninos menores e maior ênfase nos grandes dentes da mastigação, os molares; o cérebro aumentou de tamanho; e, é claro, eles foram assumindo cada vez mais a posição ereta e tornando-se bípedes, ao mesmo tempo que perdiam os pés preênseis dos outros símios.

Sua pelagem densa também desapareceu. Ainda temos pelos pelo corpo todo, mas são tão finos e curtos em algumas pessoas que quase não se veem. Mesmo nos indivíduos peludos, crescem muito esparsos para funcionar como isolante, de modo que precisamos de roupas nos climas insuficientemente quentes. Os antropólogos ainda não sabem quando ou por qual motivo, em nossa história evolucionária, perdemos nossa pelagem: pelos não se fossilizam. Que isso tenha acontecido porque saímos da sombra fria das árvores para as planícies ensolaradas, é mera especulação.

Há hoje duas teorias sobre nossa evolução a partir dos símios ancestrais. A primeira reza que as características do corpo humano se desenvolveram aos poucos, de um símio, somente uma vez. É o modelo "linear" (ou regular) da evolução humana e que provavelmente condiz com a opinião da maioria de nós. A segunda, o modelo "emaranhado" (ou irregular), preceitua que os traços considerados humanos — caminhar com duas pernas, cérebro grande, mandíbulas pequenas que resultam numa face achatada, perda de pelagem, grande destreza manual — devem ter evoluído mais de uma vez em diferentes grupos de símios, dos quais somente um sobreviveu para ser nosso ancestral. Essa segunda tese significaria que o fóssil de um primata ereto e de face achatada não precisa estar necessariamente relacionado a nós. Pode ter sido a espécie de uma outra linhagem símia, que depois se extinguiu. O modelo emaranhado implica a previsão de que haja fósseis de vários tipos de primatas do mesmo período, mostrando diferentes combinações de caracteres humanoides: alguns com cérebros grandes, mas quadrúmanos como os chimpanzés; outros com cérebros pequenos, mas de porte ereto; uns com cérebros grandes, mas mandíbulas grandes também, além de caninos como os do macaco; e por aí afora.

No momento, não existem fósseis o bastante do período crítico de dez a quatro milhões de anos atrás para avaliarmos qual das duas teorias é a mais aceitável. A década passada assistiu a um significativo aumento na quantidade de novos fósseis provenientes dessa "idade das trevas" hominídea, a maioria da África oriental, mas quase todos referidos nos livros sobre a evolução humana não vão além de quatro milhões de anos. Com base neles, sabemos que nossos ancestrais já eram bípedes há pelo menos 3.750.000 anos. Nossa própria espécie, chamada *Homo sapiens* pelo naturalista sueco do século XVIII Carl Linné ("Linnaeus"), só apareceu há cerca de cem a duzentos mil anos, como descendente de um hominídeo anterior, o *Homo erectus* ou "homem ereto". *Homo sapiens* significa, em latim, "homem sábio" — designação um tanto equívoca.

O BERÇO HUMANO

Ainda não se sabe em que parte da África nossos ancestrais evoluíram. Muitas vezes se afirma que isso aconteceu no vale de Rift, região da África oriental (área onde se situam hoje a Tanzânia, o Quênia e a Etiópia), mas devemos ser cuidadosos com essa afirmação. É de nosso conhecimento que inúmeros fósseis humanos e pré-humanos, de diversas épocas, existem lá; isso não significa, porém, que aquela área seja o berço evolucionário da nossa espécie. A comunidade internacional fixou ali sua atenção na tentativa, bastante razoável, de obter o máximo conhecimento possível de um local onde, sabidamente, existe muita informação. Os antropólogos não chegaram a fazer pesquisas tão detalhadas em outras partes da África.

FORA DA ÁFRICA

Avançando no tempo até o *Homo sapiens*, ficamos conhecendo um pouco mais sobre a história de nossa própria espécie, sobretudo desde que nos capacitamos a comparar amostras de DNA de diferentes populações do mundo inteiro.

Alguns cientistas acreditam hoje que toda pessoa do planeta, e não só as nativas da África, descende de um grupo relativamente pequeno de humanos que cruzaram a embocadura do Mar Vermelho para a região sul da península arábica, há cerca de sessenta mil anos. Decorridos cinco mil anos, seus descendentes já haviam atingido a China e o Sudeste asiático; e outros dez mil não se haviam ainda passado quando alcançaram a Austrália. Entretanto, há quase cinquenta mil anos, alguns atravessaram o Oriente Médio para colonizar a Europa e outros se espalharam pela Ásia central. Há pouco mais de vinte mil anos, chegaram à América do Norte e, há uns quinze mil, achavamse no extremo sul do Chile. Todas as raças humanas que vemos hoje fora da África foram produzidas pela seleção natural, a partir desse grupo primitivo — grupo, como vimos, de origem africana. Há um pouco mais de sessenta mil anos, todas as pessoas no planeta tinham pele escura, cabelos pretos e olhos negros.

Mesmo hoje, a condição humana natural é possuir cabelos pretos e olhos negros. Só numa pequena área que cobre o norte da Europa, a Escandinávia e a Rússia, a oeste dos montes Urais, os homens desenvolveram cabelos e olhos claros. É também nessa região geográfica de dimensões relativamente modestas que a pele humana se apresenta mais branca. O enfraquecimento da pigmentação desse grupo racial aberrante foi, ao que parece, um fenômeno localizado, embora a imigração haja agora difundido tais características por muitas outras partes do globo.

Sessenta mil anos não parecem suficientes para produzir árabes, mediterrâneos, asiáticos, orientais, aborígines australianos, índios americanos e outros (sobretudo os europeus pouco comuns) com seus traços característicos. Mas isso se deu porque, literalmente, as diferenças entre todos nós estão só na superfície da pele. A despeito das distinções raciais, continuamos a formar uma única espécie.

Capítulo Doze

Seu corpo hoje

Vimos como nosso corpo chegou à forma atual. Agora, vamos examinar essa forma mais detalhadamente, começando pela tão familiar espinha.

Nosso esqueleto tem os mesmos ossos dos esqueletos de quase todos os outros mamíferos, mas as formas e tamanhos relativos diferem em cada espécie. A espinha humana revela sua história no formato e especialização de cada vértebra. De cima para baixo, temos sete vértebras cervicais (do latim *cervix*, "pescoço"), doze torácicas, cinco lombares e cinco sacrais. As vértebras sacrais se fundem umas nas outras logo no início da vida para formar um osso, o sacro, que constitui a parte posterior da pelve.

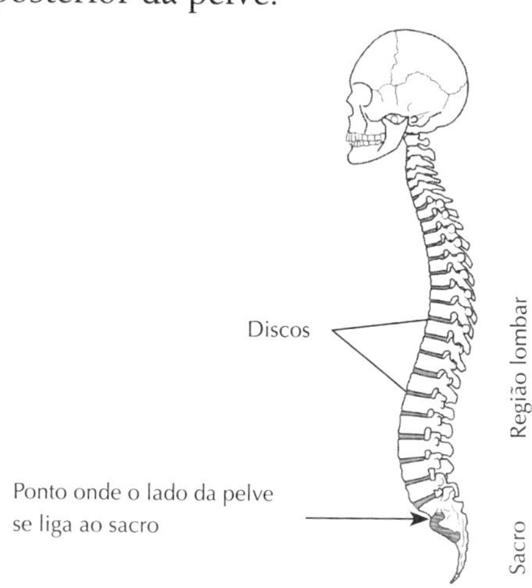

Sacro deriva nome da mesma raiz de "sagrado", ao que se diz em virtude de esse osso (em latim, *os sacrum*) servir, nos tempos antigos, para os sacrifícios religiosos. Na extremidade do sacro existem de três a cinco ossinhos que também se fundem num só no início da vida para formar o cóccix (do grego para "cuco", *kokkyx*, porque os anatomistas da época achavam que se parecia com o bico desse pássaro). O cóccix é o que subsistiu da cauda ancestral e nós podemos senti-lo logo abaixo da pele entre as partes superiores das nádegas.

A espinha, hoje, é condicionada por nossa tendência recente a andar eretos. Quando tínhamos quatro pernas, a espinha era uma barra horizontal flexível. Não evoluiu para suportar compressão ao longo do comprimento, mas esse foi o resultado quando nos pusemos de pé. Atualmente, o peso da parte superior do corpo pressiona a espinha de cima para baixo. Quanto mais se desce pela espinha, mais peso se acumula sobre ela. Isso causa problemas na região lombar, na parte inferior das costas (ver ilustração a seguir). A passagem para a postura ereta acarretou também uma mudança na forma da pelve, com o topo (a frente, em outros mamíferos) se dobrando para trás,

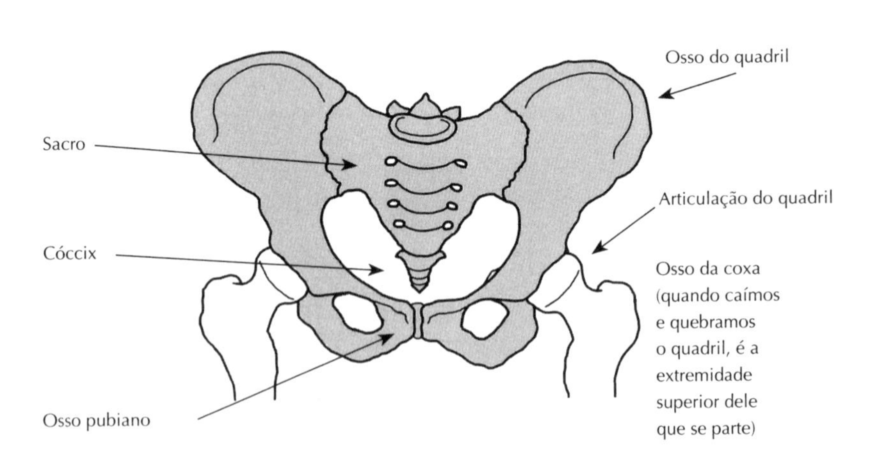

A pelve da mulher, vista de frente.

enquanto uma curvatura permanente se instalava na região lombar da espinha, acima dela.

A pelve é um anel de osso, preso à espinha pela parte de trás (o sacro), que sustenta o alto das pernas de cada lado. Os ossos dos nossos quadris são as porções laterais da pelve e nosso osso pubiano (que podemos apalpar na região inferior do ventre) é a porção frontal. Durante o parto, o bebê tem de descer pelo centro desse anel e, para facilitar o trânsito, a pelve feminina tende a ser mais larga que a do homem. Os ossos dos quadris da mulher estão, pois, mais distanciados um do outro que os do homem e, portanto, mais afastados da espinha. As pernas da mulher também tendem a se prender à pelve mais longe da linha mediana da espinha. Assim, quando ela levanta uma perna ao andar, precisa inclinar-se mais para o lado que o homem, para manter o peso do corpo diretamente sobre a outra. Por isso, homens e mulheres não andam da mesma maneira.

Quando o corpo assumiu a postura ereta, não foram apenas os ossos que mudaram de posição; todos os músculos ligados a eles precisaram acompanhá-los. Com efeito, a musculatura complexa do corpo humano é resultado de numerosas torções e realinhamentos do esqueleto, ao longo da história: os ossos do ombro se desprenderam da nuca; o pescoço se tornou flexível; as pernas se alinharam com os lados do corpo e se tornaram mais fortes; os pés se deslocaram para baixo do corpo, provocando mudanças na musculatura das articulações das pernas; as costelas desapareceram da parte inferior da espinha; os primatas adquiriram membros e pescoço extremamente móveis; a cabeça desenvolveu a capacidade de se inclinar para a frente; e, em época mais tardia, o corpo conseguiu se erguer totalmente para ficar na vertical. Esse último movimento colocou diversos músculos da parte inferior das costas em novas posições, o que também pode causar problemas, conforme veremos no próximo capítulo.

BRAÇO

Nossos braços apresentam vários tipos de articulações, com movimentos de alcances diversos. O ombro é uma articulação, o que lhe proporciona um amplo grau de rotação. Pode, como uma hélice, girar em quase todas as direções. Já o cotovelo é uma simples dobradiça que só se flexiona num plano e numa única direção. Fato curioso, algumas pessoas conseguem fazer o contrário até certo ponto, parecendo que o encurvam ligeiramente "para o lado errado" — e isso às vezes assusta quem não o consegue. O pulso é outro tipo de articulação. Trata-se de um grupo bastante móvel de oito ossos pequenos, que gira na extremidade do antebraço. Cada um dos dedos, exceto o polegar, se compõe de quatro ossos longos. Os três da ponta se ligam apenas por duas articulações simples, mas o outro pode girar na base, permitindo que o dedo trace um círculo no ar. A base é a extremidade mais afastada do quarto osso, que corre ao longo das costas da mão para conectar o dedo ao pulso. No polegar, não há esse quarto osso. Ele só tem três, que no entanto funcionam como os três das pontas dos outros dedos; ligam-se um ao outro por duas articulações simples, mas, neste caso, a base do segundo osso é também a base do polegar. O terceiro osso do polegar se prolonga no interior da mão para conectá-lo ao pulso e, tal como acontece aos outros dedos, é o terceiro osso que gira em sua base. Isso permite ao polegar deslizar pela palma e atuar em sentido contrário ao dos outros dedos.

O amplo leque de movimentos do braço exige um conjunto de músculos capazes de acionar os ossos. Como vimos no Capítulo 6, os músculos muitas vezes ocorrem aos pares, um para empurrar o osso, outro para puxá-lo. São chamados pares antagônicos porque trabalham em sentidos contrários.

Um exemplo de par antagônico de músculos, no braço, são o bíceps e o tríceps. O bíceps se estende na frente do braço, o tríceps atrás. O osso entre eles é o úmero ou "osso do cotovelo". *Biceps*, em latim, significa "bicéfalo" e *triceps*, "tricéfalo" — referência ao número de pontos de inserção que cada um possui. Contrair o bíceps faz erguer a mão; contrair o tríceps faz a mão baixar. Se você deixar a parte superior do braço pendida ao longo do corpo, mas com a mão levantada, poderá sentir com a outra que o bíceps, na frente, está mais tenso que o tríceps, atrás. O bíceps se contrai para vencer a gravidade, que puxa sua mão para baixo. Do mesmo modo, se você pressionar com uma das mãos o tampo de uma mesa ou o joelho, sentirá com a outra mão que o bíceps está descontraído e o tríceps, contraído.

Outros músculos que também atuam no braço são os peitorais, na porção superior do tórax, que fazem um braço estendido cruzar horizontalmente na frente do corpo (como um *forehand* no tênis), e os deltoides, no ombro, que ajudam a levar o braço para trás (como um *backhand* no tênis). Os deltoides são triangulares, assim chamados em alusão à letra grega delta (Δ, mas invertida, pois tal é a forma desses músculos).

MÃO

Já falamos de nossas mãos, mas vale notar que elas se acostumaram tanto a agarrar galhos que mesmo hoje, cerca de quatro milhões de anos depois de deixarmos a floresta, cercamo-nos de imitações de galhos, feitas para se adaptar às mãos. Trincos de portas, guidões de bicicletas, volantes de carros, barras de carrinhos de supermercado, corrimões de escadarias, escadas portáteis, cabos de ferramentas, remos e milhões de outros exemplos — são tudo galhos disfarçados. O que precisa ser segurado, nós o fazemos para se adaptar à mão — e nossa mão foi feita para se adaptar aos galhos. Até carregamos malas formando um gancho simples com os dedos. Quando nossos ancestrais se agarravam a um galho, o galho estava fixo e eles se balançavam. No caso das malas, o ombro está fixo e elas é que se balançam, mas o ato preênsil é o mesmo e nós desenhamos a alça para se adaptar à mão, como se fosse um pequeno galho cilíndrico.

Antes, porém, de passar a outro assunto, façamos uma observação curiosa. Alguns cientistas sustentam que, quando os dedos são medidos da base até a ponta, os homens têm o dedo anular mais comprido que o indicador, ocorrendo o contrário na mulher. O comprimento do anular, supõe-se, está correlacionado à quantidade do hormônio testosterona presente no feto; e o comprimento do indicador, à quantidade do hormônio estrogênio. Há mais testosterona quando o bebê é menino e mais estrogênio quando é menina.

Isso parece um tanto improvável, embora funcione no meu caso. Tente perguntar aos amigos qual de seus dedos é mais longo, para descobrir se é verdade. (Lembre-se de medir o esqueleto do dedo, não observando apenas qual deles se distancia mais da mão. Apalpe nas costas da mão, perto do nó, até sentir as duas pequenas depressões de cada lado da base. É esse o espaço entre os ossos.)

PERNA

Nossas pernas têm muito a ver com o fato de sermos bípedes. Começando de cima, o músculo grande das nádegas, o *gluteus maximus* (em latim, "grande glúteo") é usado principalmente para ampliar o ângulo entre a coxa e o tronco, quando nos erguemos da posição sentada ou galgamos degraus. Halterofilistas, que precisam levantar da posição agachada não apenas o peso do seu próprio corpo, mas também o equivalente ao de vários outros corpos, têm nádegas maciças. Esse músculo é usado, ainda, quando estendemos a perna para o lado ou impelimos a coxa para trás ao correr, mas muito pouco quando andamos, pois então o ângulo entre o tronco e a perna quase não se altera.

A coxa é erguida por diversos músculos que ligam o fêmur à pelve e à espinha, mas quase todos os músculos da coxa em si são realmente acionados para dobrar e estender o joelho. Eles conectam o fêmur aos ossos situados abaixo do joelho, por meio de um ligamento preso à rótula. Na frente e nos lados da coxa situam-se os quadríceps. Eles possuem quatro pontos de inserção porque são um conjunto de quatro músculos encarregados de mover a perna para a frente na caminhada, estendendo o joelho, e ajudam também a estirar a perna quando nos levantamos de uma cadeira, subimos uma escada ou erguemos objetos muito pesados a partir da posição agachada. As coxas dos halterofilistas são igualmente maciças.

Aos quadríceps se opõem os tendões, os quais, apesar do nome, são três músculos que descem pela parte posterior da coxa. Eles se contraem para dobrar o joelho e se descontraem para estirá-lo. Atletas e dançarinos às vezes sofrem uma distensão nesses músculos quando levantam demais a perna sem o necessário aquecimento prévio. Os tendões (*hamstrings*) receberam esse nome em inglês dos açougueiros que dependuravam as pernas de porco — *ham* — de um gancho enfiado por baixo dos ligamentos em forma de cordões (*strings*) do joelho. Você consegue sentir dois de seus tendões com muita facilidade quando se senta e contrai a coxa. Eles se acham bem atrás do joelho, um de cada lado.

Os músculos das panturrilhas, na parte inferior da perna, são usados para esticar os dedos, sobretudo durante a caminhada, quando o pé se ergue do chão. Ligam-se ao osso do calcanhar pelo forte tendão calcâneo. Ao se contrair e descontrair, levantam o calcanhar e de fato deslocam o peso da parte superior do corpo para a frente da linha dos dedos. Evitamos perder o equilíbrio caminhando para a frente, tal como se alguém nos empurrasse por trás. Caminhar com duas pernas é apenas um meio controlado de não cair a todo instante de cara no chão. Quando nos postamos sobre as solas dos pés, os músculos da panturrilha se relaxam; mas, quando nos erguemos na ponta dos dedos, eles se contraem e ficam rijos. Sua contração é que levanta o corpo.

Aos músculos das panturrilhas se opõe uma série de outros bem menores, que correm ao longo dos ossos da canela. Estes últimos dobram o pé para cima, mas são menores que os da panturrilha porque só precisam erguer uma parte do pé, enquanto os da panturrilha têm de erguer nosso peso todo.

PÉ

Nossos pés só há pouco tempo dispõem de um "polegar" oponível, como o dos chimpanzés e gorilas. Todavia, quando nossos ancestrais recentes deixaram as árvores para caminhar com duas pernas, esse dedo oponível se alinhou com os outros.

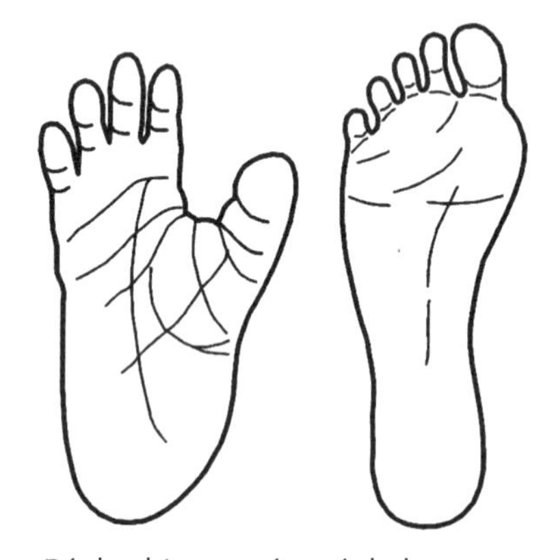

Pé do chimpanzé e pé do homem.

Um dedão se projetando para o lado, mais ou menos no meio da parte interna do pé, dificultaria bastante a marcha com os pés quase se tocando. Mas mesmo hoje nosso dedão carrega o legado de sua relação outrora especial com o resto do corpo. É ainda possível levantá-lo enquanto os outros dedos se dobram para baixo. Só ele tem essa independência de movimento: os outros quatro atuam sempre juntos. É até possível apanhar alguma coisa no chão entre o dedão do pé e o dedo adjacente, embora isso já não seja tão fácil quanto deve ter sido para os nossos ancestrais. Lembrando-se de que outrora nossos outros dedos já foram preênseis, também é possível apanhar alguma coisa com sua superfície inferior encurvada; mas o ato se torna difícil quando usamos apenas o dedão. Não é de surpreender. Convido-o a fazer a seguinte experiência. Coloque um lápis na mesa e mantenha sobre ele a mão com a palma voltada para baixo. Sem recorrer ao polegar e com todos os outros dedos juntos, apanhe o lápis dobrando-os à volta dele. Depois de algumas tentativas, isso se torna fácil. Você estará então fazendo um gancho com os dedos do mesmo modo que seus ancestrais quando se dependuravam dos galhos. Em seguida, repita a operação, mas dessa vez com os outros dedos esticados e usando apenas o polegar para envolver o lápis. Notará que é mais difícil (eu ainda não tive sucesso). Os pés outrora trabalhavam como as mãos, portanto não se espante ao perceber que o dedão ainda conta sua história como um dedo oponível mas, tal como o polegar, não serve para apanhar objetos. O principal motivo disso é que, tal como o polegar, o dedão do pé tem uma articulação a menos que os outros.

Nossos dedos, porém, não são apenas artefatos históricos. Adaptaram-se com o tempo para facilitar a caminhada. A extremidade dos quatro dedos externos, nos humanos, tem articulações duplas. A última pode ser encurvada tanto para cima quanto para baixo, embora — quando não estamos andando — só consigamos dobrar suas pontas para cima puxando-os com os dedos das mãos. Não se pode dobrá-los recorrendo apenas a seus próprios músculos. Essa nova flexibilidade surgiu, provavelmente, porque as pontas de nossos dedos dos pés são forçadas para o alto ao fim de cada passo. As extremidades dos dedos das mãos não têm articulações duplas.

ROSTO

Os rostos são objetos tridimensionais muito complicados, com inúmeras diferenças sutis em seus traços (largura do nariz, proeminência dos maxilares, formato dos lábios). O número de combinações possíveis de traços apenas ligeiramente diferentes é enorme. Em consequência, podemos reconhecer um rosto entre milhões, ao passo que seria muito difícil identificar pessoas se olhássemos apenas, digamos, para seus antebraços.

A importância de reconhecer indivíduos, especialmente no caso de uma espécie visual e social como a nossa, programou o cérebro de um modo tal que ele quer por força ver rostos mesmo onde não existam. Lembro-me de, quando criança, assustar-me com a multidão de faces que me fitavam dos desenhos geométricos das cortinas e dos papéis de parede, em meu quarto. No mundo inteiro, não faltam "homens da Lua" e "mulheres da Lua": as pessoas pensam distinguir um rosto na superfície lunar e livros incontáveis foram escritos sobre imagens de Cristo vistas em formações de nuvens ou blocos de gelo. Há também uma montanha em Marte que, para alguns, lembra a cara de um macaco. Simplesmente não podemos evitar ver rostos.

Essa compulsão é tamanha que podemos ver rostos apenas com os traços principais toscamente esboçados. As histórias em quadrinhos e as caricaturas recorrem a esse truque. Uma análise dos rostos que aparecem em revistas ou filmes de animação mostrará notórias diferenças entre uma face humana real e a imagem ali usada; no entanto aceitamos sem questionar, e até sem reparar, que de fato representam pessoas. Tornou-se comum, na cultura do e-mail, usar sinais de pontuação como rostos sem sequer dar importância a seu posicionamento :)

A evolução não apenas nos condicionou a ver rostos como nos proveu de uma resposta emocional a certos tipos faciais. O rosto de um bebê se parece muito pouco com o de um adulto. No bebê, os olhos são bem maiores em relação à cabeça, a testa suavemente arredondada, o nariz e as mandíbulas pequenos. A imagem de um bebê sempre desperta sentimentos de afeto e proteção, sobretudo nos pais, e de novo os cartunistas (e publicitários) capitalizaram isso. Personagens simpáticas de histórias em quadrinhos têm faces redondas e olhos imensos, impossíveis na natureza, ao passo que os vilões são exatamente o oposto, com longos narizes aquilinos, testas fugidias e olhinhos em forma de contas de colar. Nossa programação genética vem sendo vergonhosamente manipulada. Cuidado!

SENTIDOS

A evolução dotou nossos ancestrais de sentidos a fim de detectarem os aspectos do ambiente que eram importantes para eles. Outros animais, bem ao nosso lado, podem ver o mundo de maneira muito diferente. Os falcões conseguem perceber o movimento a distâncias maiores que nós; cães e morcegos captam frequências mais altas; elefantes e baleias comunicam-se em frequências mais baixas; muitos animais abrem caminho farejando por um mundo repleto de cheiros; abelhas e colibris enxergam a cor ultravioleta; e as cascavéis, que enxergam a infravermelha, podem sentir o calor do corpo de um rato a trinta centímetros, em total escuridão (total ao menos para nós). Certos bichos chegam a sentir a polarização da luz e sabem onde está o sol mesmo que escondido por densas nuvens.

Os cientistas, medindo as frequências dos sons e os comprimentos de onda das cores, são capazes de dizer exatamente o que os órgãos dos nossos sentidos estão captando — mas não conseguem fazer isso com todas as sensações. A dor ou o sabor não podem ser medidos da mesma maneira, pois são subjetivos. Para algumas pessoas, o aipo é um vegetal fresco e crocante; para outras, tem um gosto desagradavelmente azedo e deveria ir para a lista das coisas que jamais deveriam ser colocadas em bocas humanas — queijo mofado, pimenta ardida etc. Também o olfato é subjetivo, embora a distinção entre paladar e olfato seja um tanto artificial. Ambos detectam moléculas que geram uma resposta identificável. As moléculas do ar são captadas pelo nariz, enquanto a boca percebe as que têm forma líquida ou sólida. Em geral, os dois operam juntos, porquanto o cheiro do que colocamos na boca (como queijo mofado) sobe pelas cavidades nasais. De fato, estimou-se que 80% do paladar é na verdade olfato. Tapar o nariz quando se engole um remédio nauseabundo parece que realmente funciona.

Aceitemos, pois, que dor e sabor não passam de reações subjetivas; mas serão os outros sentidos tão objetivos quanto pensamos? Vemos com os olhos e escutamos com os ouvidos. No entanto, é o cérebro que recolhe esses sinais e transforma-os em percepções — e dispomos de poucas maneiras de medir o que os cérebros de diferentes indivíduos percebem. Os cientistas podem medir o comprimento de onda de um raio refletido por um objeto e dizer que esse objeto é "verde". Não podem, todavia, garantir que todos veem o verde da mesma forma. Quando uma pessoa afirma que uma blusa é turquesa e outra que é verde, seus cérebros podem muito bem estar percebendo cores diferentes, embora seus olhos vejam a mesma coisa. Uma acha certas tonalidades de verde bastante distintas das tonalidades de turquesa e outra as acha similares, encarando a todas da mesma maneira. Equipamentos científicos nos informam o que os olhos estão vendo — mas não o que o cérebro está processando. Contudo, esse problema vai além do escopo deste livro.

OLHOS

A migração dos nossos olhos para a parte dianteira do rosto, ao tempo em que vivíamos nas árvores, dotou-nos com uma visão binocular de 140° para a frente — mais a percepção de profundidade — e com uma visão monocular de 30° para cada lado: 200°, no total. Por isso percebemos objetos borrados, ou na maioria das vezes em movimento, quando estão não só à direita ou à esquerda, mas também um pouco atrás, mesmo se olhamos diretamente para a frente. Isso é possível, em parte, devido ao campo de visão do globo ocular, mas também ao fato de as laterais de nossas órbitas ósseas terem sido removidas e não funcionarem como antolhos. Acima do olho, o osso do crânio forma a arcada superciliar, que difere em todas as pessoas, mas é mais proeminente nos homens que nas mulheres. Abaixo do olho situa-se o malar. Arcada e malar se projetam para a frente mais ou menos no mesmo nível e, ultrapassando a linha do globo ocular, protegem-no. Quando "encostamos" um olho numa vidraça, não é ele que faz contato e sim a testa e os malares. O lado da órbita, porém, fica mais atrás e nos permite ver lateralmente. Acrescente-se a isso que as pálpebras têm corte horizontal: se esse corte fosse vertical, estreitaria nosso campo de visão.

OUVIDOS

Assim como dois olhos garantem a percepção de profundidade, dois ouvidos permitem dizer de que lado provém um som. Um barulho à esquerda atingirá o ouvido esquerdo um pouco antes que o ouvido direito. A fim de apurar a detecção da direção do som, as orelhas se distanciam ao máximo uma da outra, de cada lado da cabeça, não ficando por isso juntas no meio da testa.

O ouvido interno (usado para ouvir), o ouvido médio (usado para manter o equilíbrio) e o ouvido externo (usado para detectar sons) estão todos dentro da cabeça, mas muitos mamíferos apresentam uma estrutura externa em forma de taça para coletar sons e encaminhá-los ao canal auditivo. Esse mecanismo é constituído de cartilagem flexível e não, como o lóbulo da orelha humana, de tecido gorduroso; e em alguns mamíferos, músculos especializados apontam-no na direção do som. Já o nosso mecanismo, que em geral chamamos simplesmente de ouvido, não pode ser movido assim, embora alguns indivíduos utilizem os resquícios desses músculos especializados para "abanar" as orelhas. Portanto, sua única função nos humanos é divertir os outros em festinhas.

Nas corujas, que caçam à noite e dependem em larga medida do som, um dos ouvidos situa-se mais alto na cabeça que o outro. Isso faz com que a ave detecte com maior acuidade a origem do ruído, indicando-lhe se está acima ou abaixo da linha de visão e se vem da direita ou da esquerda. Quando procuram ouvir atentamente, as pessoas tendem a inclinar a cabeça para um lado, o que produz o mesmo efeito — embora não seja claro se fazem isso subconscientemente pela mesma razão.

PELO

Embora o pelo dos mamíferos atue como uma camada isolante para conservar o calor, ele ajuda também a bloquear os raios do sol. Algumas raças de porcos europeus geneticamente manipuladas não possuem mais suas cerdas longas e agora sofrem muito de queimaduras solares, precisando espojar-se na lama ou em qualquer outra substância que atue como filtro. Mesmo nos símios, a maior parte do corpo é coberta de pelos, mas nossos corpos apresentam apenas alguns tufos esparsos, no alto da cabeça, nas axilas e em redor dos genitais. Presumivelmente, os cabelos em nossa cabeça são por assim dizer um chapéu de nascença feito para proteger o cérebro do calor solar. Se se destinassem a proteger-nos das queimaduras, seria de esperar que nascessem também em cima das orelhas, nariz e ombros, os lugares onde estamos mais sujeitos a elas. Além disso, a seleção natural teria dotado nossos ancestrais de uma defesa contra as queimaduras solares apenas se estas reduzissem suas chances de sobrevivência, o que de modo algum é certo.

Os pelos em nossas axilas e virilhas estão associados a concentrações de glândulas sudoríparas. Longos e retorcidos, não se emaranham facilmente como os da cabeça, parecendo ser esse um modo que o corpo encontrou de maximizar a área da superfície disponível para a dispersão do cheiro natural produzido pelas glândulas.

O cabelo no alto da cabeça e o pelo nas faces dos homens de alguns grupos raciais continuam a crescer ao longo da vida e vão ficando cada vez mais compridos se não forem cortados (embora, em algumas partes da África, eles sejam naturalmente quebradiços e os fios se partam antes de atingir determinado comprimento). Pelos que continuam crescendo são um fenômeno bastante incomum em mamíferos e, segundo parece, muito recente. No entanto, hoje quase todas as pessoas possuem cabelos longos e os dispõem como um recurso de sinalização (na maioria das culturas, elas gastam enormes quantias de dinheiro para fazer justamente isso). Muitos homens também realizam a cerimônia diária de raspar o pelo das faces com uma lâmina afiada de metal. Também essa remoção do pelo do rosto dos adultos deve ser um sinal, mas qual seja sua mensagem, não se sabe. Felizmente, os tufos de cabelo no resto do corpo permanecem curtos, como os que nascem aqui e ali nos braços, pernas, peito e ocasionalmente costas de alguns homens.

As sobrancelhas são outros tufos importantes de pelo em nosso corpo. A razão de as termos não é inteiramente óbvia, mas aí estão talvez em resultado da seleção natural e seria de esperar que foram importantes para a sobrevivência ou colaborassem na procriação. Na escola, ensinaram-me que as sobrancelhas evoluíram para manter a chuva longe de nossos olhos. Não é um argumento dos mais convincentes (mesmo porque já sofri muitas vezes com ela nos meus). No máximo, impedem até certo ponto que o suor invada os olhos, mas será essa uma explicação melhor? Alguém acreditaria que, numa espécie social, os únicos indivíduos a sobreviver e procriar fossem os dotados de sobrancelhas espessas, capazes de manter a transpiração longe de seus olhos?

Outra tese é que as sobrancelhas surgiram como bandeiras sinalizadoras para realçar os olhos na interação social. É comum, nos primatas, "franzir" o cenho e nós certamente empregamos esse gesto facial quando cruzamos com uma pessoa pela décima vez no dia e o "olá" ou o sorriso do primeiro encontro, depois de se transformar num aceno de cabeça, acabam se simplificando num leve arquear de sobrancelhas — gesto praticamente universal em todas as culturas humanas. Mas, se tal era a função das sobrancelhas, estas não parecem ter sido muito eficientes. Há sessenta mil anos, todas as pessoas apresentavam pele escura, cabelos pretos e, pode-se presumir, sobrancelhas da mesma cor. Se as sobrancelhas existissem para acentuar o movimento superciliar, teria sido mais vantajoso que a seleção natural escolhesse uma cor contrastante com a pele. Isso não aconteceu com os povos africanos atuais e certamente não deve ter acontecido com os ancestrais africanos da humanidade inteira.

Aventou-se também que as sobrancelhas são importantes porque amenizam a ofuscação do sol. Isso é possível e, se verdadeiro, elas devem ter evoluído depois que nossos ancestrais deixaram a sombra das florestas. Nossos parentes mais próximos, os chimpanzés, têm arcadas superciliares proeminentes, mas sem os nossos espessos tufos de pelos.

A verdade é que não sabemos o motivo de possuirmos sobrancelhas. Podem absorver o suor; podem acentuar seus movimentos quando são escuras contra uma pele clara; e podem evitar que o sol nos ofusque. Não quer dizer, contudo, que persistiram (ou surgiram) por qualquer desses motivos. Cabe dizer apenas que hoje, especialmente nos países industrializados, são encaradas sobretudo como recursos estéticos. Em certas culturas, as mulheres extraem regularmente os pelos das sobrancelhas, um a um, com pinça metálica, até deixar uma linha quase imperceptível... para depois restaurar o efeito original com lápis preto, aplicado todos os dias! A origem dessa prática é obscura.

CALVÍCIE MASCULINA

Apesar do muito que se diz em contrário, principalmente na internet, as causas da calvície masculina permanecem um mistério. Manifesta-se de preferência em homens caucasianos, talvez em virtude de algum fator genético, mas jovens cujos pais de meia-idade não apresentam nenhum sinal do problema não devem confiar muito em que com eles se dará o mesmo. Meu pai faleceu aos 81 anos com todos os seus cabelos, mas eu comecei a perder os meus aos 25. Por outro lado, meu avô materno era calvo.

Qualquer que seja a causa da calvície masculina, ela em geral só começava a aparecer depois da fase fértil dos nossos ancestrais recentes. Portanto, historicamente, não deve ter constituído um fator de peso para as mulheres que escolhiam o parceiro. Mas não seria importante? A calvície torna os homens pouco atraentes aos olhos das mulheres? Bem... apesar do que elas dizem aos homens (em confronto com o que uma diz a outra), a resposta seria sim. "Ser careca" não é, usualmente, um item dos mais enfatizados na lista feminina de características desejáveis num futuro marido. Aliás, essas listas contêm quase sempre homens imaginários, ao passo que nossas fêmeas ancestrais tinham de achar parceiro entre os machos de carne e osso que conheciam. As mulheres talvez não sonhem com homens carecas, mas algumas se casam com eles.

CONTROLE DA TEMPERATURA

A capacidade de controlar a temperatura do nosso corpo constitui um dos traços característicos dos mamíferos. Nossa temperatura média interna é de aproximadamente 37°C, podendo subir ou descer 0,8°C dependendo da pessoa. Quando idosos, nossa temperatura normal é mais baixa que quando jovens.

Se ela chegar a 40°C ou mais, poderemos sofrer convulsão, coma, dano cerebral e morte. Se cair abaixo de 35°C, o sintomas serão, por exemplo, confusão mental e fala inarticulada. Uma temperatura menor que 30°C diminuirá a pressão, a pulsação e a respiração; e, por volta de 27°C, provocará morte por hipotermia.

Ao longo da evolução, perdemos boa parte da nossa camada isolante de pelos; mas, para preservar o calor nos climas frios, criamos roupas, fogueiras, casas protegidas e aquecimento central. Nas regiões tropicais, refrescamo-nos com trajes leves, banhos frios, bebidas geladas e ar-condicionado. Na falta dessas tecnologias, o próprio corpo herdou mecanismos de aquecimento e resfriamento.

Perdemos calor suando, ofegando e dilatando os vasos sanguíneos existentes sob a epiderme. Esses capilares, quando se dilatam, tingem nossa pele de vermelho e nos fazem parecer "corados". A pele do homem possui mais glândulas sudoríparas que a de qualquer outro primata, parecendo então que o desaparecimento de pelos do corpo foi também um meio de eliminar calor.

Geramos calor quando nos exercitamos, trememos e contraímos os capilares para desacelerar sua perda. Esses vasos finíssimos, uma vez contraídos, tornam a pele menos avermelhada, sobretudo em cima dos ossos da face, o que criou entre os caucasianos a expressão "roxo de frio". Pular, bater os pés ou agitar os braços são outros tantos meios de fazer com que nossos músculos se contraiam, gerando calor. Quando treme, nosso corpo faz isso por nós. O tremor é uma vibração involuntária rápida dos músculos, que assim produzem calor.

Nossos ancestrais também conseguiam manter a temperatura eriçando o pelo para absorver uma camada mais espessa de ar isolante. Nós ainda preservamos essa resposta, mas o pelo se foi. Nossa pele apresenta apenas fios esparsos e minúsculos, que no entanto ainda mantêm os músculos encarregados de colocar de pé cada um deles. Quando esses músculos se contraem devido ao frio, produzem minúsculas bolhas na pele, que não ajudam em nada.

FORMA CORPORAL

Quando homens e mulheres amadurecem sexualmente, na fase da puberdade, seus corpos se modificam, mas cada sexo à sua maneira.

Os garotos adquirem muito mais músculos e se tornam mais fortes, enquanto as garotas adquirem proporcionalmente mais gordura. Essa é uma reserva energética para o dia em que elas engravidarem e precisarem nutrir um feto mesmo sob condições ambientais adversas que as impeçam de alimentar-se. A gordura extra, nas mulheres, e os novos músculos, nos homens, explicam quase todas as diferenças de forma nos corpos masculino e feminino.

Afora essas diferenças de sexo notórias, pode haver outras na forma geral do corpo em raças originárias de climas diversos. Pessoas que evoluíram recentemente em climas muito frios tendem a ser atarracadas. Nos humanos, o calor se perde pela superfície da pele e ser atarracado reduz essa superfície com relação à massa corporal. Isso é pura geometria. A forma com menor superfície para qualquer volume é a esfera. Aqueles indivíduos que entram para o livro dos recordes depois de escrever o pai-nosso ou qualquer outro texto num grão de arroz merecem de fato nosso respeito: o grão de arroz lembra muito a esfera e, para seu tamanho, possui uma superfície diminuta. Se o cozinhassem e amassassem, achariam o trabalho bem mais fácil, pois disporiam de uma superfície maior. Ao contrário, a fina página achatada que você agora lê teria pouquíssimas palavras em sua superfície caso fosse amarfanhada numa bolinha de papel — embora o volume continuasse o mesmo. Num corpo quente como o do animal, o calor se dispersa sobretudo pela área exposta. Quanto mais se aproximar da forma da esfera, menos calor perderá porque a superfície será relativamente pequena para seu volume. É por isso que gatos e outros mamíferos se acocoram como uma bola quando descansam em tempo frio e animais que hibernam procuram se encolher ao máximo.

Por outro lado, os indivíduos que evoluíram em regiões equatoriais tendem a ser magros e bastante altos, como por exemplo os dinka do Sudão meridional. Essa forma corporal reduz o acúmulo de calor principalmente durante o exercício, proporcionando à sua irradiação uma superfície muito ampla em relação ao volume.

ÓRGÃOS DESCARTÁVEIS

Ao longo da vida, alguns de nós teremos um ou mais órgãos removidos cirurgicamente, em geral (ou, se tivermos sorte, apenas) por causa de doença. Em certos casos, isso altera em muito nossa maneira de viver. Se nossos rins forem retirados, precisaremos substituí-los por uma máquina e nos submeter a sessões regulares de diálise para limpar o sangue, do contrário morreremos. Se perdermos a vesícula, teremos de alterar nossa dieta e evitar gorduras (a vesícula envia para o intestino a bile, que ajuda a dissolver os alimentos gordurosos). Entretanto, há órgãos que podem ser removidos sem nenhum efeito observável em nossa saúde a longo prazo ou em nossa vida diária. Os mais conhecidos são as amígdalas e o apêndice.

AMÍGDALAS

As amígdalas se localizam na parte posterior da garganta, uma de cada lado, e integram o sistema de defesa do corpo. Contêm células do sistema linfático, que é uma rede de finos canais espalhados pelo corpo, praticamente em todos os lugares onde existam vasos sanguíneos. Esses canais vão até às "glândulas linfáticas" ou "nódulos linfáticos" situados no pescoço, virilhas e axilas. O sistema linfático existe porque o sangue é bombeado pelo corpo sob pressão — nossa "pressão sanguínea". Como os vasos sanguíneos são pressurizados, é perfeitamente normal que alguns fluidos do sangue (não as células, mera parte do plasma) escapem dos vasos para os tecidos adjacentes. Se essa "linfa" aumentar, causará problemas. É função do sistema linfático drená-la de volta ao sangue, nas proximidades do coração, mas enquanto faz isso ele monitora também o fluido por onde se insinuam os agentes patológicos. Caso estes estejam presentes, o sistema linfático mobiliza células especiais das defesas do corpo para atacá-los e destruí-los. É por isso que uma infecção às vezes provoca inchaço nos nódulos linfáticos. Os médicos apalpam os lados do nosso pescoço quando temos febre, em parte para descobrir se não há inchaço nos nódulos. Isso indicaria que as defesas do corpo estão no momento com algum problema.

As amígdalas contêm tecidos do sistema linfático e monitoram a condição dos alimentos que engolimos, a fim de descobrir se não estão contaminados. Ao fazer isso, elas próprias podem contaminar-se e inchar, produzindo a amigdalite (o sufixo *ite* significa "inflamação"). Há algum tempo, amígdalas problemáticas eram quase sempre removidas cirurgicamente, mas já não é o caso hoje em dia. Mesmo quando as amígdalas são extirpadas, restam outras partes do tubo digestivo que também monitoram a condição do alimento, alertando o sistema imunológico.

APÊNDICE

Nosso apêndice pode ser retirado sem problemas porque é, no corpo humano, apenas um dos órgãos remanescentes da evolução de uma estrutura usada por nossos ancestrais distantes, mas agora inútil como a cauda.

O apêndice é uma pequena projeção lateral do intestino, sem abertura. Em certos mamíferos — coelhos, por exemplo —, surge como uma grande protuberância do intestino, chamada ceco (em latim, "cego"), onde material vegetal duro é mantido enquanto seus componentes relativamente indigeríveis são atacados por oportunas bactérias. Nossos ancestrais remotos talvez usassem esse processo, mas nos humanos o ceco já não influi na digestão e encolheu para uns modestos 9 cm, mais ou menos o comprimento de um dedo. Comparando: todo o nosso sistema digestivo, de ponta a ponta, tem mais de 9 m.

Embora já não participe da digestão, o apêndice nem por isso é totalmente inútil. Também ele integra a parte do intestino responsável pelo monitoramento da condição daquilo que ingerimos e pela detecção de corpos estranhos prejudiciais. Como as amígdalas, não é incomum que esse pequeno "beco sem saída" se inflame e inche (apendicite), quando então se costuma removê-lo cirurgicamente. De novo, isso não gera nenhuma consequência óbvia para o corpo, pois outras partes do intestino continuam monitorando o alimento.

O apêndice se tornou uma parte supérflua do nosso corpo no curso da evolução, mas há outras que se tornaram igualmente supérfluas durante nosso desenvolvimento no útero materno. São os mamilos masculinos.

POR QUE OS HOMENS TÊM MAMILOS?

Não são exatamente os mamilos que se destacam no peito do homem e sim as manchas de pele pigmentada à sua volta: as aréolas ("pequenas áreas", em latim). A presença desses itens tão obviamente inúteis no homem resulta do modo como nossos corpos adquirem identidade sexual na fase embrionária.

Talvez cause surpresa, mas todos os embriões iniciam seu desenvolvimento no útero como fêmeas, não importando o fato de serem geneticamente do sexo feminino (com dois cromossomos X) ou do masculino (XY). Todos começamos a vida como mulheres. Durante essa fase primitiva de desenvolvimento, células para a produção de seios e mamilos se formam na área peitoral de cada embrião. No entanto, se o feto for XY, cerca de seis semanas após a fertilização, um dos genes do cromossomo Y ganha vida e aciona a formação dos testículos. Estes passam a produzir testosterona (palavra da mesma raiz de "testículos"), que é um hormônio esteroide. Por influência da testosterona, o feto XY se transforma em macho. Sem esse hormônio, continuaria a desenvolver-se como fêmea. ("Testosterona" é um exemplo de hormônio "andrógeno", do grego *andros*, que significa "homem", e *genos*, que significa "geração"). Entretanto, mesmo depois do aparecimento da testosterona, é tarde demais para remover as células que depois formarão as aréolas do homem. Por isso os homens têm mamilos.

Em alguns casos raros, o feto XY não responde à produção do hormônio andrógeno. Os testículos se formam dentro do corpo e segregam a substância, mas o corpo a ignora. Chama-se a isso Síndrome de Insensibilidade aos Andrógenos (SIA). Então, como todos os fetos são mulheres no início da vida, esse simplesmente continua a se desenvolver como menina, embora seja geneticamente XY. A SIA pode ser completa ou parcial; quando completa, a mulher resultante nem sempre é mais masculina que qualquer XX. Com efeito, mesmo as mulheres XX produzem alguns andrógenos que podem provocar pequenos efeitos; entretanto, o corpo de uma XY às vezes não mostra reação nenhuma aos andrógenos. Todavia, a mulher XY enfrenta um problema: ela nunca terá filhos. Num feto XX, os cromossomos sexuais promovem o desenvolvimento dos ovários. Os ovários segregam os hormônios femininos estrógenos (do grego *oistros*, "loucura" — alusão ao comportamento de muitas fêmeas de animais durante o período de acasalamento — e *genos*). Os estrógenos promovem o desenvolvimento do útero. Na puberdade, o útero atinge a forma adulta e renova seu revestimento todos os meses, eliminando o tecido velho na menstruação. Uma mulher XY possui, dentro de si, testículos rudimentares e não ovários; consequentemente, ela não produz óvulos, as tubas uterinas não se formam e não há menstruação. Hoje, às vezes se descobre que a mulher é geneticamente XY graças ao exame médico para determinar o motivo da ausência de menstruação. Mas, afora essa consequência trágica, ela é plenamente mulher. Sem a reação do corpo masculino à testosterona, dentro do útero, *todos* pertenceríamos ao sexo feminino. A fêmea é a condição humana natural, como o testemunham os mamilos no peito do homem.

COMPORTAMENTO

Já falamos sobre os comportamentos herdados em recém-nascidos — chorar, sugar e agarrar — e o medo que sentimos do escuro. Existem, entretanto, outros comportamentos herdados comuns à espécie humana. Sorrir, gargalhar e franzir as sobrancelhas são atos observados onde quer que existam pessoas e parecem significar a mesma coisa para todas. Os outros primatas, entretanto, não apresentam tais comportamentos. Os chimpanzés e os gorilas acham agressivo o arreganhar de dentes. Não é boa ideia sorrir amavelmente para um gorila.

A procriação é também um comportamento hereditário em todas as espécies. A maioria só se acasala em determinado período do ano, que seus hormônios regulam. Somos uma das poucas espécies que não têm esse período. Os humanos podem gerar filhos o ano inteiro.

DORMIR... SONHAR... QUEM SABE?

O sono é um comportamento que se manifestou muito cedo em nossa evolução. De fato, raramente uma espécie animal se mantém ativa 24 horas por dia. Mesmo alguns peixes marinhos parecem dormir; imobilizam-se no leito do mar e ficam como que alheados de tudo. À noite, mergulhadores podem pegá-los delicadamente nas mãos, mas, se os sacudirem muito, eles despertam e fogem assustados.

Nos humanos, os cientistas acham que o sono é muito importante para o sistema imunológico, funcionando como um período de recarga. A finalidade do sonho é menos clara e não se sabe ao certo até que ponto ele está difundido no reino animal, embora qualquer pessoa que observe um cão adormecido tenha pouca dúvida de que esses bichos dividem conosco tal capacidade.

Dormir e sonhar pode ser uma combinação perigosa. Se reagirmos ao mundo virtual do sonho como se ele fosse real, sem dúvida nos prejudicaremos. Nossos ancestrais, adormecidos, poderiam vaguear no rumo dos predadores noturnos ou cair das árvores caso o corpo não estivesse imobilizado de alguma maneira. A seleção natural proporcionou essa imobilidade desenvolvendo uma espécie de "paralisia do sono". Quando dormimos, nossos músculos literalmente se desconectam do cérebro, de modo que, mesmo se sonhamos estar andando ou correndo, nosso corpo permanece relativamente imóvel. Não é difícil perceber como se deu essa evolução. Qualquer animal provido de genes incapazes de imobilizar-lhe o corpo provavelmente não duraria o bastante para transmitir esses genes à prole.

Às vezes, nos humanos, a paralisia do sono se interrompe e a pessoa anda dormindo. Trata-se de um fenômeno complexo, pois o sonâmbulo parece adormecido e, no entanto, interage com o mundo real, não com um mundo imaginário. Desviam-se de móveis e atravessam portas, de olhos abertos.

A paralisia do sono pode gerar um estado intermediário entre o sono e a vigília, situação potencialmente aterradora como qualquer uma em que tenhamos consciência súbita de estar imobilizados. Na Europa medieval, as pessoas em semelhante situação acreditavam que um espírito mau se sentava sobre seu peito, prendendo-as à cama. Chamavam a esses espíritos *mæres*, origem da palavra inglesa *nightmare* (pesadelo). Em nossa era espacial, algumas pessoas acreditam ter sido visitadas em casa por seres extraterrestres que as imobilizaram em seus leitos. Confesso ter passado por algo semelhante uma vez: meio adormecido, tive a nítida impressão de que meu corpo estava paralisado e sendo puxado pelos pés, enquanto as pernas se afundavam no colchão formando um ângulo de quase 45°. Felizmente, a sensação desapareceu tão logo consegui mexer os dedos dos pés (sem dúvida, um gesto aterrorizante para alienígenas).

Capítulo Treze

Os problemas do seu corpo

A tortuosa senda evolucionária até nosso corpo atual deixou-nos com vários problemas físicos. O mais comum são as dores nas costas, que podem se manifestar de muitas maneiras, mas devem-se quase sempre à má postura quando levantamos pesos.

A região lombar da nossa espinha, na altura do peito, ainda consegue se flexionar para os lados como a dos répteis, e para a frente e para trás como a dos mamíferos quadrúpedes. Embora as vértebras possuam um sistema de encaixe que limita os movimentos, a espinha ainda é uma estrutura muito flexível. Apresenta também uma curva permanente mesmo quando estamos eretos e só há pouco — em termos geológicos — ficou sujeita à pressão em todo o seu comprimento. Não poderia haver pior combinação para uma estrutura destinada a suportar grandes pesos.

Por esse motivo, quando vamos erguer objetos pesados, devemos manter a coluna o mais vertical possível. Se nos dobrarmos para a frente ou para um lado, curvando-a, ou girarmos o tórax, um ou dois problemas podem ocorrer. Primeiro, a "hérnia de disco". Os discos são almofadas circulares inseridas como arruelas entre as vértebras. São levemente compressíveis (emborrachados, diríamos), atuando como amortecedores e articulações flexíveis. O revestimento é rígido, mas o miolo tem consistência gelatinosa. Ao encurvarmos a coluna para apanhar um peso, duas vértebras poderão deslizar desigualmente sobre o disco que as separa, comprimindo um dos lados e forçando o outro a projetar-se (como espremer uma fruta entre os dedos até o caroço sair). A protuberância pressionará então os nervos à volta da medula espinal, provocando dor na parte baixa das costas e nas pernas. O tratamento para a hérnia de disco consiste geralmente em repouso, drogas anti-inflamatórias e às vezes fisioterapia, mas em alguns casos cirurgia para aliviar a pressão sobre os nervos.

O segundo problema potencial nas costas são os danos musculares. Se a coluna se mantiver o mais reta possível quando levantarmos um peso, ela poderá suportá-lo como se fosse um pilar. Mas se a encurvarmos, boa parte do peso se transferirá para os músculos, que precisarão fazer um grande esforço para manter o corpo na vertical. Existem vários músculos nas costas, que se estendem em muitas direções. Sob um peso mal distribuído, não é difícil que sejam lesionados.

Os músculos das costas também podem sofrer danos por causas menos óbvias. O hábito da má postura ao sentar-se ou deitar-se, sobretudo quando o colchão é macio demais, pode forçar esses músculos, provocando problemas que persistem por anos.

Depois que os músculos das costas sofrem lesões, a menor tentativa de fazer um movimento provoca fortes espasmos de dor. Essa condição torna quase impossível andar ou mesmo permanecer de pé até a inflamação desaparecer, o que pode levar vários dias. Mesmo então, às vezes os músculos nunca se recuperam por completo e as costas permanecem num estado irreversível de fraqueza. A dor nas costas é uma das principais causas de faltas ao trabalho. Por isso, devemos sempre adotar posturas seguras ao sentar, ficar de pé ou erguer objetos.

A região inferior das nossas costas provoca semelhantes problemas porque, durante a maior parte da nossa história, não foi feita para sustentar a postura ereta. Essa história é responsável também por um problema na outra extremidade da espinha: a "chicotada".

Normalmente, o mamífero mantém a cabeça na frente da coluna em posição horizontal. Se o empurrarem por trás, tudo estará alinhado e a aceleração súbita do corpo será absorvida ao longo do esqueleto inteiro. Vários traços mudaram nos humanos: nossa coluna é vertical; desenvolvemos um cérebro volumoso e, portanto, pesado; temos um pescoço de primata bastante flexível; e inventamos veículos enormes, compactos, que dirigimos a velocidades antinaturais até baterem uns nos outros ou atropelarem pessoas.

Quando um indivíduo em posição vertical (de pé ou sentado) é impelido de repente por trás, sua espinha não consegue absorver a força de aceleração e se projeta para a frente. A pesada cabeça, porém, tende a permanecer no mesmo lugar. Uma vez que o pescoço humano é muito flexível, não consegue compensar a diferença de movimento entre a espinha e o crânio. Assim, age como uma dobradiça, permitindo que a cabeça seja violentamente arremessada para trás. Isso pode esmagar as vértebras do pescoço, lesionando gravemente os músculos e os nervos.

CORAÇÃO

Nossa adoção recente da postura vertical significa que o coração agora precisa bombear o sangue para cima, contra a força da gravidade, e não horizontalmente, para que ele chegue ao cérebro. Caminhar sob duas pernas também as torna maiores e mais musculosas. Elas contêm a qualquer tempo uma parte significativa do nosso sangue, que precisa voltar ao coração enfrentando a força da gravidade.

Em momentos de stress, convém então alterar a postura. Na iminência de um desmaio, é bom colocar a cabeça entre os joelhos e permitir que a gravidade leve o sangue para o cérebro; e, quando alguém estiver inconsciente, deverá ser posto na "posição de coma", deitado horizontalmente de lado, também para reduzir a necessidade que o coração tem de bombear para cima.

DENTES

Em nossa fase de primatas, as mandíbulas se tornaram menores e os caninos se encolheram. Hoje, temos um rosto bem mais achatado que o dos nossos ancestrais. Infelizmente, a seleção natural parece achar mais fácil mudar a forma de uma coisa do que seu número. Alguns dentes humanos podem ter ficado menores, mas ainda possuímos 32 como os chimpanzés e os gorilas. Como estão inseridos em mandíbulas que diminuíram bastante de tamanho, é compreensível que disputem espaço e sejam empurrados para posições pouco naturais. Muitas pessoas passam ao menos parte da infância usando aparelhos de metal para forçar seus dentes a se alinharem.

Os últimos dentes que nascem são os quatro molares, bem no fundo da boca, os chamados "dentes do siso". Na época em que tentam apontar, já resta tão pouco espaço que às vezes ficam obstruídos debaixo dos dentes próximos. São os "molares inclusos".

HÉRNIAS

A hérnia, ou ruptura, ocorre quando um órgão ou parte do intestino é empurrado por um orifício anormal do corpo, aberto geralmente no meio dos músculos do abdome ou entre eles. Esse tipo de lesão pode ocorrer caso a pressão dentro da cavidade abdominal aumente de súbito em consequência de uma tosse ou levantamento de objeto pesado.

Um dos tipos mais comuns de hérnia ocorre porque somos mamíferos. Quando os testículos do homem saem de dentro do corpo para o escroto, na fase de desenvolvimento, um ponto fraco é deixado para trás na parede abdominal, de cada lado da virilha. Se mais tarde ele fizer um esforço excessivo, esse ponto fraco poderá abrir-se e parte do intestino delgado irromperá pelo buraco, aparecendo como um nódulo doloroso sob a pele.

A solução de praxe para esse tipo de problema é uma cirurgia simples que recoloca o intestino no lugar e tapa o buraco. Em casos extremos, porém, as bordas do buraco se estreitam em volta da protuberância do intestino e seguram-no. É o "estrangulamento da hérnia", bem mais grave porque pode interromper a função e a circulação na parte retida.

Há vários outros tipos de hérnia tanto no homem quanto na mulher. Para evitá-las, o melhor é não erguer objetos muito pesados e não praticar atividades que provoquem aumento súbito da pressão no abdome, principalmente as que fazem os músculos da região se contrair demais.

DESGASTE

Em todas as comunidades que não sejam excessivamente pobres, a maioria das pessoas tem vida mais longa que nossos ancestrais, graças às melhores condições de higiene, ao trabalho menos estafante e aos remédios mais eficazes. Mas, infelizmente, tal como alguns produtos manufaturados, certos componentes do nosso corpo parecem ter prazo de validade. Quando ultrapassamos esse prazo, algumas das peças começam a desgastar-se.

Isso se torna um problema sério em se tratando das articulações das pernas. De novo, tudo é resultado da nossa recente passagem evolucionária para a posição ereta. Cada uma das nossas pernas traseiras levou bom tempo se adaptando para dividir o peso do corpo com as outras três — ou duas, quando uma se levantava para dar o passo. Hoje, carregamos todo o nosso peso sobre duas pernas e, quando andamos, firmamo-nos na que está mudando de posição e girando suas articulações sob a carga. Não bastasse isso, ficamos maiores e mais pesados nos últimos milhões de anos, cabendo acrescentar que para muitos o novo estilo de vida urbano, com seus pratos rápidos gordurosos e falta de exercício, exacerbou o problema do peso. Esses fatores cobram um preço de nossos joelhos e quadris.

As extremidades dos ossos, nas articulações, são cobertas por uma camada macia de cartilagem mergulhada em líquido lubrificante para reduzir a fricção. À medida que envelhecemos, essa camada se desgasta, deixando as extremidades dos ossos em contato direto e abrasivo. Chama-se a isso osteoartrite (literalmente, "inflamação da articulação óssea"). A osteoartrite pode ocorrer também entre as vértebras do pescoço ou na região lombar da espinha, bem como nos dedos das mãos.

Em casos graves, e havendo recursos médicos, a cirurgia consegue aliviar os sintomas. No caso da coluna, é possível fundir as vértebras lesadas, o que reduz a flexibilidade, mas interrompe o atrito dos ossos. Para restaurar o movimento das pernas, removem-se as pontas dos ossos do joelho ou quadril, que são substituídas por próteses de metal ou plástico. As próteses nunca são tão fortes quanto o osso original, mas melhoram muito a condição do paciente.

Nossos músculos também se debilitam com a idade, embora não tanto quanto os ossos, sobretudo se não são exercitados regularmente. Ninguém jamais perdeu a capacidade de falar porque sua língua, um músculo, se desgastou.

Não são apenas nossas articulações que se deterioram com o passar do tempo. Os dentes podem cair e os órgãos dos sentidos perder a acuidade. Também nisso somos a única espécie que enfrenta conscientemente tais problemas recorrendo à tecnologia — dentaduras para mastigar; óculos, lentes de contato ou cirurgia a laser para ver; aparelhos auditivos (ou os controles de volume menos aceitáveis socialmente) para ouvir. Intervenções técnicas e cirúrgicas como essas são exemplos notórios da capacidade que só nossa espécie tem de imaginar e concretizar as mais surpreendentes soluções para as inconveniências da natureza. Transplantes de órgãos, transfusões de sangue, neurocirurgias e vários outros exemplos hoje muito comuns dependem do nosso talento para dar saltos de criatividade que decerto não foram possíveis a nenhuma outra espécie nos últimos três bilhões e meio de anos. Quem, há um milênio, sonharia que pudéssemos salvar uma vida retirando o coração do cadáver de um acidentado e colocando-o no peito de outra pessoa; ou drenando todo o sangue de um corpo, purificando-o e devolvendo-o ao paciente que enquanto isso esteve sentado lendo um livro? Somos, de fato, uma espécie maravilhosa.

ENVELHECIMENTO

A realidade do envelhecimento constitui um problema mais geral do que o desgaste e a perda de partes do nosso corpo. Quando envelhecemos, nosso sistema imunológico se enfraquece, a digestão se torna difícil, os pulmões perdem a elasticidade e dificultam a respiração, o coração trabalha com menor eficiência, as artérias engrossam e endurecem, o controle da temperatura já não é tão eficaz — o que, aliado a uma circulação mais lenta, nos faz sentir frio mesmo em dias quentes. A diminuição de células nervosas no cérebro afeta a memória, os rins não funcionam muito bem e a bexiga, perdendo a elasticidade, obriga a mais corridas ao banheiro, sobretudo à noite. Exteriormente, a pele se torna mais fina e enruga, os cabelos ficam brancos ou caem, os músculos perdem o tônus e as faces perdem a firmeza, os depósitos indesejáveis de gordura teimam em não desaparecer, principalmente na região da barriga. As orelhas se esticam e engrossam, exibindo nos homens pelinhos embaraçosos quase sempre na entrada do canal auditivo. Os ossos se tornam cada vez mais porosos e podem ceder ligeiramente na coluna, agravando o adelgaçamento natural dos discos intervertebrais e fazendo com que o corpo inteiro encolha e se encurve.

Os cientistas aventaram vários motivos para essa série de calamidades. Segundo alguns, as células talvez tenham uma vida ativa limitada — um prazo de validade, sem tirar nem pôr. Esgotado o prazo, seus genes deliberadamente as destroem. Isso é uma extensão do que ocorre de maneira natural a muitos tecidos mesmo no começo da vida, com células morrendo e sendo substituídas. Na pele, por exemplo, elas morrem quando chegam à superfície para formar uma camada externa protetora que sofre constante desgaste (grande parte da poeira doméstica são células da pele eliminadas). Em suma, na velhice todas as nossas células recorrem a esse suicídio.

Também se propôs que os chamados "radicais livres" (moléculas eletricamente carregadas) seriam a causa do envelhecimento. Eles são gerados nas células durante a atividade normal, quando os processos químicos liberam energia. Constituem a poluição química das células e, se não forem neutralizados, podem revelar-se extremamente prejudiciais. No início da vida, o corpo produz antioxidantes naturais para combatê-los, mas depois se torna menos eficiente nessa tarefa — enquanto os radicais livres vão ficando cada vez mais agressivos, danificando os genes que garantem o bom funcionamento das células. Atualmente, muitos cientistas supõem que esse dano seja a principal razão do envelhecimento.

ENVELHECIMENTO E GENES

Segundo alguns pesquisadores, o envelhecimento resulta do acúmulo de genes que têm efeito negativo sobre o corpo (talvez reduzindo a eficácia da atividade antioxidante), mas só entram em atividade mais tarde na vida.

Nem todos os genes se mostram ativos logo depois da fertilização do óvulo no útero. Alguns ficam adormecidos por muito tempo antes de "se ligar". A puberdade, fase em que o corpo passa da forma infantil para a adulta, é um bom exemplo: genes até então inativos despertam e ordenam ao corpo que produza os hormônios necessários à formação do organismo adulto.

Todos os nossos genes provieram de outros mais antigos. Eles podem mudar com o tempo (sofrem "mutação") e isso nem sempre é bom para seu possuidor. Entretanto, mesmo genes prejudiciais sobrevivem na população; tudo depende do momento em que atuam sobre o corpo.

Todo gene recentemente modificado que entra em ação antes de o possuidor atingir a maturidade sexual, limitando o número dos filhos que ele terá, pode desaparecer rapidamente porque não será transmitido com facilidade à geração seguinte. Em contrapartida, o gene que entra em ação antes da maturidade sexual, mas não limita o número de filhos e até o aumenta, consegue mais facilmente ser transmitido. Porém, todo gene que começar a agir mais tarde na vida passará *sempre* à próxima geração porque o pai já o terá transmitido aos filhos antes que despertasse e produzisse algum efeito — bom ou mau. Assim, mesmo os genes destrutivos sobrevivem caso despertem tarde na vida. Para alguns cientistas, o envelhecimento resulta do acúmulo desse tipo de gene.

ENVELHECIMENTO E SELEÇÃO NATURAL

Se certos genes conseguem sobreviver mesmo sendo altamente prejudiciais a seus possuidores é porque estes não estão recebendo nenhum favor da seleção natural. E não estão mesmo. O motivo pode ser explicado com mais clareza por outra analogia.

A evolução é como uma corrida de revezamento em que os genes fazem o papel de bastão. O locutor se concentra no atleta que o empunha até esse atleta passá-lo ao corredor seguinte. Quando o Corredor 1 está voando na pista, o locutor só vê seu esforço; mas quando entrega o bastão ao Corredor 2, o locutor o esquece e não se põe a informar que ele diminuiu a marcha, está ofegante, inclinou-se para a frente e apoiou as mãos nos joelhos. Agora o locutor se concentra no Corredor 2, que empunha o bastão. Pouco lhe importa que o Corredor 1 tenha desmaiado: o enfoque mudou. Com a evolução, dá-se o mesmo. Depois que os genes passaram à geração seguinte e esta se tornou independente dos pais, a evolução não se interessa em saber se estes morreram ou não. Os pais se tornaram dispensáveis, sem nenhuma importância. Já tiveram sua época. Já passaram o bastão. A essa altura, não há necessidade de manter os pais jovens e saudáveis. A seleção natural abandonou-os em proveito da prole.

Sem dúvida, mesmo que não tenhamos filhos, envelhecemos — e no mesmo ritmo de quem tem (embora pais costumem achar que envelhecem mais depressa). Prosseguindo a analogia, quando não temos filhos, somos o corredor que cai, não termina a prova e leva o bastão consigo para o chão. A seleção natural, como os locutores, ignora os atletas que caíram.

Dissemos, em capítulos anteriores, que o parto é doloroso simplesmente porque não precisa ser indolor. Poderíamos acrescentar que o nosso corpo envelhece porque não precisa permanecer jovem. Tal como a planta que lançou suas sementes, seu trabalho está encerrado. Já não importa à seleção natural que você definhe e morra.

Capítulo Catorze

Seu cérebro

O *Homo sapiens* é apenas mais uma espécie animal — mas uma espécie do tipo raro, o generalista. Não estamos encerrados num estreito nicho biológico, como muitas outras espécies. Não dependemos de uma única fonte de alimento; não estamos restritos a uma escala rígida de temperatura; não vivemos apenas em montanhas ou apenas em desertos. Podemos explorar quase todos os ambientes e comer quase tudo. Quando nossos ancestrais evoluíram na África, não estavam fisicamente aptos a sobreviver na Lapônia ou na bacia amazônica; nós, porém, colonizamos esses lugares porque nossa inteligência nos permitiu resolver os problemas encontrados e moldar nosso estilo de vida conforme as condições reinantes, tecendo as roupas de que precisávamos e comendo o que podíamos obter.

Graças a essa adaptabilidade, fomos notavelmente bem-sucedidos em perpetuar nossos genes, de sorte que ocorreu um gigantesco aumento na população e em sua distribuição pelo planeta. Somos hoje tão numerosos e nossa tecnologia é tão avançada que estamos provocando sério impacto no ambiente e em outras espécies. Se uma planta apresentasse as características do *Homo sapiens*, todos a considerariam uma erva daninha, prejudicial e indesejável. Nós somos as piores ervas daninhas da Terra.

Talvez isso se deva ao fato de não termos evoluído como uma espécie global. Só nos tornamos uma espécie global recentemente e nossa perspectiva ainda é limitada. O "mundo" acaba no horizonte para a maioria de nós — e mais para uns que para outros. Concentramo-nos nas vizinhanças e em alcançar objetivos da cultura local, não da cultura internacional. Queremos que cesse o aquecimento global, mas não paramos de usar nossos automóveis. Ansiamos por eliminar o sofrimento do mundo, mas celebramos os dois mil anos de Cristo gastando oitocentos milhões de libras para erigir uma tenda em Londres. Somos, por natureza, uma espécie provinciana; mentalmente, não saímos da roça e nossa inteligência procura acumular conhecimento, não descobrir o que o conhecimento tem a nos dizer.

HOMO SAPIENS, "HOMEM SÁBIO"

Sem dúvida, julgamo-nos a espécie mais inteligente do planeta. Mesmo aceitando que o corpo humano difere pouquíssimo do corpo de um chimpanzé, achamos que nossa inteligência superior constitui por si só um feito evolucionário que nos distingue de todas as outras formas de vida.

Todos sabemos o que significa essa pretensão e, se nos pedirem para definir "inteligência", falaremos em "engenhosidade", "poder mental" ou algo semelhante. Mas há um problema: essas não são definições, são apenas palavras diferentes para dizer a mesma coisa. Nenhuma explica de fato o termo. Se fôssemos os animais mais inteligentes do planeta, conseguiríamos definir "inteligência" — o que não é tão fácil quanto parece. Conferências e conferências foram organizadas para explicar do que se trata e centenas de pessoas cultas voltaram para casa nem um pouquinho mais bem-informadas. Sugeriu-se até que parássemos de falar sobre inteligência porque as definições são impossíveis. Mas agora é tarde: temos a palavra e todos a empregam, aparentemente da mesma maneira. Seria então de crer que sabemos o significado, embora não consigamos expressá-lo.

Se nos pedissem para apontar uma analogia para a inteligência, muitos de nós optaríamos por "força". Força é algo que todos temos em diferentes graus, de modo que as pessoas podem ser comparadas e classificadas de muito fortes a muito fracas. Em geral, inteligência para nós é força — força cerebral —, mas essa analogia é mesmo válida? Talvez consigamos algumas pistas examinando o modo como empregamos a palavra.

A NATUREZA DA INTELIGÊNCIA

Não se discute que a inteligência seja apenas uma propriedade do nosso cérebro. Um cirurgião não pode remover nossa inteligência e analisá-la ao microscópio. E não se discute também que chamar uma pessoa de inteligente seja um cumprimento. Nós valorizamos a inteligência e, ao que parece, nós a consideramos uma qualidade relativa. Insistimos em medi-la comparando uma pessoa com outra ou pessoas com outras espécies. Se alguém faz com seu cérebro algo que não conseguimos fazer com o nosso, dizemos que é inteligente. Se uma espécie se comporta como os humanos, dizemos que é inteligente — mas sem esquecer nunca que mais inteligentes somos nós.

Determinamos a inteligência de outras espécies elaborando testes cujas respostas sabemos e avaliando em que medida ou quão rapidamente chegou a essas respostas um animal que as ignorava. Isso é por demais egocêntrico e até arrogante. Não se pode afirmar até que ponto um chimpanzé, um cão ou uma baleia é inteligente utilizando esse critério. Ele se baseia num conceito arraigado dos naturalistas do século XIX, que consideravam a evolução uma escada para a perfeição, no alto da qual estávamos nós como a espécie mais adiantada e inteligente de todas. Tentaram em seguida classificar outras espécies para descobrir quantos degraus a mais que elas havíamos galgado.

Infelizmente, esse conceito de evolução era falho. A evolução não se parece com uma escada. Toda espécie existente hoje gastou para evoluir o mesmo tempo que qualquer outra e, como sobreviveu, é sem dúvida tão inteligente quanto precisa ser. As outras espécies não tomaram o mesmo caminho evolutivo que o nosso e estacaram antes de chegar ao seu destino. Cada qual percorreu sua própria senda. Não podemos comparar a inteligência de um cachorro com a inteligência de uma baleia. Um cachorro é tão brilhante quanto um cachorro precisa ser em seu mundo; uma baleia é tão brilhante quanto uma baleia precisa ser no dela. Tentar compará-los é como perguntar: "Qual é melhor, um carvalho ou um arenque?" Melhor em quê? Eles evoluíram para vidas diferentes em diferentes ambientes. Compará-los não é comparar o semelhante com o semelhante; e fazê-lo só mostra falta de compreensão da marcha evolutiva e, em última análise, da natureza.

O QUE EXCLUÍMOS DA "INTELIGÊNCIA"

No segundo capítulo, vimos que duas pedras angulares da condição humana são a lógica e a intuição, com a ciência se baseando na lógica e a fé religiosa se baseando na intuição. Na verdade, porém, há mais que intuição e religião nesse segundo aspecto da nossa identidade; há também senso moral e ético, o que o põe frequentemente em conflito com nossa atividade científica. Nosso lado científico pergunta: "Podemos...?" (fabricar bombas atômicas, viver sem comer carne, clonar seres humanos). Já o lado não científico da natureza humana indaga: "Devemos...?" Essa é, sem dúvida, a pergunta mais importante. Não é nosso talento único para manipular a natureza que nos distingue como humanos, e sim nossa capacidade de perguntar: "Devemos?"

Enquanto destinamos nossos recursos tecnológicos a pousar uma nave em Marte, crianças em várias partes do mundo morrem por causa de água contaminada ou doenças facilmente curáveis. Permitimos isso porque são filhos dos outros e não estão morrendo diante de nós. Sabemos da existência dessas crianças e do seu destino cruel; mas, como espécie, preferimos fazer pouco ou nada para ajudá-las. Nossos talentos podem nos convencer do brilho de nossa inteligência, mas nossas escolhas raramente dão apoio a uma definição tão lisonjeira.

Ainda assim, discorremos sobre nossa "humanidade" e nossa qualidade de ser "humanos", palavras extraídas da nossa natureza "humanizada". Mas essas palavras não se referem ao nosso intelecto. Preferimos nos definir por atos que brotam do coração, não do cérebro.

Do mesmo modo, dizemos que Einstein — um grande cientista — era inteligente. Mas de Rembrandt — um grande pintor —, dizemos que era talentoso. Não consideramos inteligentes os artistas — eles têm força cerebral, mas não lhes exigimos essa força. A distinção entre "Artes" e "Ciências" parece ter raízes profundas, refletindo também as diferentes facetas daquilo que percebemos como humano. Para nós, uma obra de arte tem "coração" ou "alma", mas não "cérebro". E quando discutimos a ideia vaga, porém quintessencialmente humana de alma, logo evocamos paralelos como "alma e coração", não "alma e mente". Será que consideramos a mente mera manipulação do conhecimento?

CONHECIMENTO E INTELIGÊNCIA

Ao considerar as pessoas que achamos inteligentes, descobrimos que quase nunca lhes falta conhecimento. Conhecimento acadêmico, como o do engenheiro de mísseis, ou conhecimento das circunstâncias atuais, como o do diplomata que tenta evitar uma guerra. Alguns conhecimentos parecem necessários à inteligência. Por outro lado, ter muito conhecimento não basta para ser inteligente. Nem o maior supercomputador do mundo é considerado capaz de pensar com inteligência; e alguém que saiba de cor o código de endereçamento postal da Noruega não será visto como inteligente pelos amigos (o contrário é que se dará, na verdade).

Em contrapartida, algumas pessoas de conhecimento limitado podem ser consideradas inteligentes. Crianças-prodígio não viveram o bastante para adquirir cultura, mas revelam-se brilhantes em seus campos — que, entretanto, costumam ser de um tipo específico como matemática, música ou xadrez. São assuntos complexos por causa de suas muitas camadas de construtos essencialmente simples. A matemática é apenas adição e subtração, e mesmo a subtração não passa de adição ao inverso. A música se limita à escala de sons, alguns dos quais se chocam, outros se harmonizam. O xadrez tem um pequeno número de peças e cada uma só se move de determinada maneira. O desafio dessas matérias é o número infinito de modos pelos quais os elementos simples podem combinar-se a fim de gerar resultados diferentes. É como o pedreiro habilidoso que, com um monte de tijolos iguais e a quantidade necessária de cimento, combina-os para produzir vários tipos de casas. O material é limitado: o talento reside na capacidade de manipulá-lo. Há poucas crianças-prodígio em medicina, arquitetura, engenharia e inúmeras outras áreas porque essas disciplinas exigem conhecimento — volumosos bancos de dados. Uma criança de 6 anos ainda não os tem. A criança-prodígio adquiriu habilidade para certos assuntos porque seu cérebro trabalha de maneira diferente da dos outros, mas dados ela ainda não teve tempo de acumular.

Assim, o conhecimento pode estar relacionado à inteligência — em inglês, até se usa *intelligence* no sentido de "informação" (Inteligência Militar, Serviço Secreto de Inteligência). Entretanto, conhecimento em si não é sinônimo de inteligência intelectual.

CURIOSIDADE E INTELIGÊNCIA

Somos provavelmente a única espécie que pergunta: "Como se formaram as estrelas?", "O que existe no interior do átomo?" e "Como podem os continentes deslizar pela superfície de uma Terra sólida?" Isso se deve ao forte senso de curiosidade característico de nossa espécie. A curiosidade é, intrinsecamente, uma coisa perigosa — e mais deve ter sido no mundo feroz de nossos ancestrais —, porém suas recompensas às vezes valem a pena. Ser curioso é ter sede de saber. Quando dizemos que alguém fez uma pergunta inteligente, não estamos considerando sua curiosidade uma forma de inteligência, mas percebendo subconscientemente um vínculo entre conhecimento e inteligência. Expressamos, pois, o ponto de vista de que é inteligente procurar conhecer.

LINGUAGEM E INTELIGÊNCIA

Podemos fazer perguntas uns aos outros "porque" desenvolvemos uma linguagem falada e, mais recentemente, escrita. Os filósofos gostam de alardear que a criação humana da linguagem é, acima de qualquer outra coisa, um indício de nossa inteligência. No entanto, o significado disso depende da possibilidade de resolvermos o enigma do que vem a ser inteligência e do que entendemos por linguagem (outro problema de definição). Muitos animais se comunicam. Um cão uivando de dor produz sons que transmitem significado a membros de sua própria espécie e de outras. Gemidos, latidos e rosnados fazem o mesmo. Não será isso linguagem?

O cão recorre à linguagem para transmitir informação sobre seu estado emocional. Outras espécies podem recorrer a ela para transmitir fatos. Nisso nós somos os maiores, mas não os únicos. Os cães aprendem também o significado de palavras como "comer", "passear", "gatos" e " sentar-se". Elas não veiculam emoções, mas informações. E não são apenas os mamíferos que se comunicam dessa maneira. As abelhas, quando acham uma boa fonte de néctar, voltam à colmeia para contar às outras operárias a localização. Transmitem esses fatos pelo modo como se movimentam e pela orientação que imprimem ao corpo ao voar. Na verdade, comunicam fatos dançando. As operárias que ignoravam a localização da fonte de néctar podem então voar diretamente até lá. Essa capacidade de transmitir conhecimento se baseia na linguagem dos fatos e não na linguagem das emoções.

Para muitos animais, o conhecimento resulta da experiência pessoal (obtida da imitação do comportamento de outros animais ou aprendizado por observação). Com o desenvolvimento da linguagem, o conhecimento pode ser o resultado da experiência de outros indivíduos. Já não precisamos ter uma experiência ou observar para saber. Ninguém ignora que a eletricidade é perigosa e os fios precisam ser isolados — ensinaram-nos isso. Não precisamos ter tomado um choque para mostrar que somos inteligentes evitando tocar em fios desencapados.

Talvez não se possa dizer que a posse de uma linguagem sofisticada seja prova de inteligência. No entanto, dispor de uma linguagem nos faz parecer muito mais espertos porque permite adquirir conhecimento totalmente fora de proporção com a experiência.

INTELIGÊNCIA *VERSUS* COMPORTAMENTO INTELIGENTE

Estou caindo numa armadilha ao dizer que não sabemos o significado de inteligência, mas que podemos agir como se tivéssemos alguma. Isso não valerá nada até tentarmos de novo encontrar uma definição. Se inteligência não é acumular conhecimentos, será então usar conhecimentos de determinada maneira? Será a capacidade de tomar um conhecimento e aplicá-lo à situação de tal modo que produza um comportamento adaptável à mudança? Um animal inteligente é um animal adaptável?

O ser humano é sem dúvida o animal mais adaptável que já existiu, conforme vimos nos primeiros parágrafos deste capítulo. Aos olhos de qualquer observador, esse comportamento adaptável certamente sugere inteligência, mas até agora tenho falado de comportamento inteligente e inteligência como se fossem a mesma coisa — e não são. É mais fácil fabricar um robô que *pareça* inteligente do que um robô que *seja* inteligente. O comportamento inteligente é o comportamento apropriado às circunstâncias — apropriado porque garante a sobrevivência ou apropriado porque atinge algum outro objetivo escolhido. Podemos construir um robô que se safe de um labirinto, mas sabemos que robôs não são inteligentes (esses ainda não conseguimos fabricar). Quando um animal consegue sair de um labirinto, tomamos isso como indício de inteligência; todavia, o que observamos aí é o comportamento inteligente (ou melhor, "aparentemente inteligente") e não a inteligência em si. Nesse caso, concluímos apenas que existe pensamento inteligente por trás de um comportamento que denota inteligência. Nosso comportamento adaptável é apenas comportamento inteligente, não manifestação da inteligência como tal. A interpretação complica-se ainda mais pelo fato de o comportamento ser às vezes visto de diferentes perspectivas. Por um lado, a espécie capaz de enlatar a vácuo alimentos que irão durar muito tempo pode ser tida como altamente inteligente. Por outro, a espécie que guarda seu alimento em recipientes metálicos selados, impossíveis de abrir com qualquer parte do seu corpo, mas apenas com um instrumento que não vem com o recipiente, pode ser considerada muito imbecil.

INTELIGÊNCIA, UMA MANEIRA DE PENSAR

Se a inteligência não é uma forma de agir, seria uma forma de pensar? Podemos tomar os fatos à nossa disposição e usá-los para inferir o que aconteceu ou o que irá acontecer, fazendo deduções e predições relativas a coisas fora de nossa vista e sobre as quais só dispomos de dados de segunda mão. Essa é sem dúvida uma poderosa ferramenta, mas parece algo que um computador poderia fazer caso dispusesse de informações suficientes e fosse dotado dos necessários comandos "SE... ENTÃO". (*Dedução*: "SE o bolo desapareceu quando havia só uma pessoa na sala, ENTÃO essa pessoa comeu o bolo". *Predição*: "SE o sol se levantou hoje por volta das seis horas, ENTÃO ele se levantará amanhã no mesmo horário".) Com informação e tempo suficientes, não parece que fazer deduções ou predições desse tipo exija grande inteligência. Contudo, as ideias nem sempre resultam da lenta caminhada pela senda da dedução lógica. De vez em quando surgem inesperadamente em nossa cabeça, como se injetadas de fora. Talvez isso seja função de nossa mente subconsciente, que ordena e cruza referências enquanto a mente consciente se ocupa de outra coisa, até que de súbito as peças se encaixam. Mas, não importa como aconteça, não parece algo que um computador possa fazer. Seria esse recurso "inteligência", a capacidade que tem nosso pensamento de escolher atalhos? Sem dúvida é o que acontece quando dizemos ter tido "uma luz". Não diríamos isso se achássemos que o fenômeno é produto da inteligência. Ora, se a "luz" não é indício confiável de inteligência, o raciocínio será um candidato melhor?

RACIOCÍNIO E INTELIGÊNCIA

O raciocínio é a capacidade de resolver problemas mentalmente, ordenando a informação disponível e levando-a a uma conclusão lógica. O raciocínio nos poupa o trabalho de resolver problemas por tentativa e erro, e é outra maneira de usar o cérebro para abreviar um processo que de outra maneira seria demorado e tedioso. Por exemplo, se procuramos roupas cinzas numa loja de departamentos e ficamos sabendo que há roupas azuis no segundo andar, podemos inferir que as roupas cinzas também estejam lá. Isso simplifica a tentativa de encontrar o que queremos começando pela entrada e esmiuçando a loja metro por metro.

No entanto, o raciocínio também lembra às vezes uma longa caminhada pela senda da dedução lógica. Ao contrário da percepção súbita, ficamos em geral conscientes de nossos passos e de ter transferido a atenção de um para outro até obter um resultado.

Costumamos achar que as pessoas notoriamente dotadas da capacidade de raciocínio são inteligentes; mas para quem observa esse processo, a relação entre raciocínio e grau de inteligência que ele pressupõe talvez não seja clara. Embora o raciocínio seja a capacidade de seguir uma cadeia lógica de pensamentos, muitas vezes há mais de uma conclusão possível a extrair de um dado conjunto de circunstâncias. Portanto, diferentes conclusões podem indicar diferentes graus de inteligência, embora não haja justificativa alguma para isso.

Eis a seguir um teste simples de raciocínio, do tipo que se encontra em almanaques e concursos públicos (espero que este não apareça em exame algum).

Preencha as lacunas com os dois próximos números da seguinte sequência:

2 4 6 _ _
Se três pessoas derem as respostas
2 4 6 8 10
2 4 6 10 16
2 4 6 22 116

é bem provável que a primeira, por ter percebido que os números aumentavam de dois em dois, seja considerada inteligente, enquanto as outras duas teriam cometido um engano devido à parca capacidade de raciocínio, sendo portanto menos inteligentes.

No entanto, a segunda pessoa apenas considerou a sequência original como grupos de três, em que os dois primeiros números se somam para produzir o terceiro:

sendo dados 2 4 6, então 2 + 4 = 6, portanto 4 + 6 = 10 e 6 + 10 = 16.

A terceira pessoa viu a sequência como pares em que os dois números se multiplicam e a diferença entre eles é subtraída do resultado para produzir o próximo número:

sendo dados 2 4 6, então 2 x 4 = 8; mas 2 subtraído de 4 = 2, portanto 8 – 2 = 6;
o próximo na sequência será 4 x 6 = 24; mas 6 – 4 = 2,
portanto 24 –2 = 22, devendo o último número ser 6 x 22 = 132; mas 22 – 6 = 16, portanto 132 – 16 = 116.

O raciocínio das três pessoas está tanto matematicamente correto quanto logicamente embasado (e se você quiser algo para matar o tempo numa tarde chuvosa de domingo, há para o problema outras soluções que também funcionam). As duas últimas não só mostraram habilidade de raciocínio como exibiram uma originalidade que faltou à primeira. Não será isso indício de inteligência maior e não menor? Sempre respeitamos pessoas que encontram maneiras novas de solucionar problemas conhecidos.

A percepção súbita não parece relacionada ao poder intelectual, mas o raciocínio pode ser acompanhado passo a passo (se nos dermos ao trabalho de perguntar à pessoa quais passos foram esses) e causa mais impressão porque é possível explicá-lo. Mas a "inteligência" se define pela capacidade de dar uma solução ou pelo talento de explicar como a solução foi dada? Se a mente consciente resolve um problema mediante o raciocínio e a mente subconsciente mediante a percepção súbita, nenhuma ostenta mais títulos à "inteligência" do que a outra.

ORIGINALIDADE E INTELIGÊNCIA

Dissemos que frequentemente respeitamos pessoas capazes de encontrar maneiras novas de solucionar problemas conhecidos. Para nós, a capacidade de ter uma ideia que ninguém mais teve é sinal de inteligência, desde que a ideia atenda a dois critérios: ser viável e socialmente aceitável.

Quem sugerisse despachar para Marte todos os advogados do mundo, para mapearem a superfície e prepararem as escrituras de propriedade dos futuros colonos, não seria visto como muito inteligente porque, apesar da novidade (e da aceitabilidade social) da ideia, ela não pode ser posta em prática. Do mesmo modo, Adolf Hitler concebeu ideias originais que mostrou serem praticáveis; mas, como foram socialmente catastróficas, ele não é lembrado por sua inteligência.

A capacidade de ter uma ideia nova, exequível e aceitável, no entanto, é vista como sinal de inteligência e não como inteligência em si.

IMAGINAÇÃO E INTELIGÊNCIA

A imaginação está estreitamente relacionada à originalidade. Valorizamos os produtos de nossa imaginação (embora, devemos reconhecer, não disponhamos de meio algum de saber o que imaginam as outras espécies, se é que imaginam alguma coisa). A imaginação é uma ferramenta poderosa. Habilita-nos a construir um campo de treinamento em nossa mente e a planejar uma série de acontecimentos em ambiente seguro e inofensivo. Podemos usar nossas fantasias como simulações de vida onde o pior pode acontecer, mas não machuca ninguém. Desse modo, nos preparamos para um futuro desconhecido e fazemos escolhas seguras no mundo real quando nos vemos diante de circunstâncias novas. Assim, a imaginação empresta ao comportamento a aparência de uma inteligência subjacente — mas, de novo, não se trata aqui da inteligência propriamente dita.

TECNOLOGIA E INTELIGÊNCIA

Nem sempre usamos nossa imaginação para examinar apenas cenários prováveis. Às vezes imaginamos o improvável: respirar debaixo da água, caminhar na lua... Então, valemo-nos disso como um trampolim para a ação e tornamos real o fantasioso graças ao emprego da tecnologia.

Talvez achemos que nossa inteligência seja demonstrada mais claramente pelo domínio da tecnologia, mas não somos a única espécie que usa ferramentas. Alguns chimpanzés enfiam uma folha de grama no formigueiro para tirar de lá as formigas; outros transformam duas pedras em martelo e bigorna para quebrar nozes. Os tordos europeus colocam caracóis sobre uma pedra e usam-na como bigorna enquanto partem a carapaça com o bico; e alguns pássaros, com um raminho, retiram insetos dos buracos da casca das árvores.

Duas coisas distinguem nossa tecnologia da de outras espécies. Estas manipulam objetos naturais (cuidadosamente selecionados, mas não modificados), enquanto nós modificamos ou fabricamos nossas ferramentas. Os outros animais só as usam nas atividades imprescindíveis (quase sempre alimentação) e nós nos deleitamos a tal ponto por dominar a tecnologia que a empregamos até nas coisas desnecessárias, como passar roupas ou esculpir anões de jardim. Agimos assim porque, para a maioria de nós, o saber tecnológico assumiu tantas funções de sobrevivência — proporcionando água corrente em nossas casas, comida e roupas no comércio local — que hoje podemos devotar boa parte de nosso tempo a futilidades. Newton e Einstein não precisavam caçar, pescar, coletar ou construir abrigos, por isso aplicavam suas mentes a assuntos não essenciais como a natureza da gravidade e o que aconteceria se viajássemos à velocidade da luz. Graças à combinação, em nossa espécie, de conhecimento, curiosidade e imaginação liberada pela tecnologia, pusemo-nos a explorar cada aspecto do universo no afã de entender todos.

Somos a única espécie que recorre à tecnologia para concretizar sonhos. Mas talvez o que torna isso realmente uma característica humana não seja o fato de possuirmos tecnologia para fazê-lo e sim o de não nos faltar coragem para ousá-lo. Nossa inegável confiança em poder transformar as fantasias mais tresloucadas em realidade constitui nossa maior força e talvez nosso pior risco.

Mais uma vez: nossa tecnologia demonstra nossa inteligência, mas não a define.

GENES E INTELIGÊNCIA

A inteligência é definida por nossos genes? Há duzentos anos, no Reino Unido, a classe operária era considerada estúpida e incapaz de educar-se (considerada assim por quem não era operário e recebera educação, é claro). Nessa época, a Escócia tinha quatro universidades, a Inglaterra duas e o País de Gales nenhuma. Hoje, existem nos três países cerca de cem universidades e dezenas de faculdades independentes. Nos dias de hoje, nós — ou pelo menos eu — achamos que todos podem receber uma boa educação universitária caso estejam interessados em obtê-la e tenham condições de frequentar o curso; no entanto, muitos dos formados de hoje descendem da classe operária de duzentos anos atrás e têm os mesmos genes das pessoas então consideradas refratárias ao aprendizado.

Não há dúvida de que as pessoas têm cérebros diferentes; a variação constitui a matéria-prima da seleção natural. É como se diferentes cérebros fossem acionados cada qual de uma maneira. Algumas pessoas acham fácil aprender línguas, outras não encontram dificuldade na matemática ou no desenho técnico. Ninguém é igual. Quando encontramos algo em que somos bons e que nos gratifica, costumamos passar por muito inteligentes. Quando não encontramos nada que nos sirva nem nos motive, as pessoas em geral nos consideram intelectualmente fracos.

Há alguns anos, trabalhei numa ferrovia com um sujeito chamado Bob. Durante uma pausa no turno de uma noite muito fria, a conversa se desviou para os tempos de escola. Bob confessou que na época odiava matemática; sentia-se perdido na aritmética e sem nenhuma surpresa fora reprovado no exame. Em seguida, começou a folhear as páginas de turfe (corrida de cavalos) de sua *Sporting Gazette* e — de cabeça — a calcular as chances dos vencedores potenciais de uma acumulada de três páreos que faria um respeitável supercomputador gemer de enxaqueca. Bob odiava matemática; mas aquilo não era matemática, era jogo — e Bob adorava jogar. É duvidoso que o antigo professor de Bob o considerasse um prodígio em cálculos de cabeça — mas talvez porque acumuladas de três páreos não aparecessem nos manuais de aritmética. Certas pessoas são tão espertas quanto querem ser.

MAS ENTÃO...
O QUE É "INTELIGÊNCIA"?

Para isso não tenho, e ninguém tem, uma resposta definitiva. Mas aqui vai um palpite. A inteligência não se relaciona ao nosso comportamento. Não é algo que se manifeste exteriormente. A inteligência, se existir mesmo, está dentro de nós. Não é sequer uma maneira de pensar, é o fato de que pensamos. Enquanto escrevo isto, procuro estruturar minhas ideias. Não estou reagindo ao mundo à minha volta, estou olhando para dentro de mim mesmo e lutando com conceitos abstratos. Todos agimos da mesma maneira e talvez seja a essa habilidade que chamemos de inteligência. A inteligência é um equipamento e todos o possuímos. Ele não pode ser medido e as pessoas não podem ser comparadas. O modo como a inteligência é vista pelo mundo exterior difere de indivíduo para indivíduo, mas a diferença está na aplicação e não na natureza da inteligência.

Mais atrás, eu disse que a maioria de nós classifica intuitivamente a inteligência como uma espécie de força. Depois de examinar o assunto, talvez fosse melhor dizer que a inteligência lembra antes o conceito de "sociedade".

Sociedade é um fenômeno que se manifesta nas populações humanas quando elas se tornam mais complexas. Não existe independentemente das populações e não é algo que as pessoas decidam criar. Ela surge por si quando duas ou três pessoas se congregam e interagem; e uma sociedade de vinte indivíduos parece diferente e se comporta de maneira diferente de uma sociedade de 20 mil. Quanto maior a população, mais complexa a sociedade. Podemos comparar os aspectos de sociedades diversas, mas não até que ponto cada uma é "social". Em outras palavras, não podemos comparar "socialidades".

Com a "inteligência" dá-se o mesmo. Ela é algo que reconhecemos como uma função da complexidade do nosso cérebro. Todos a temos e podemos comparar o que as pessoas fazem com ela, mas não o que ela é. Ninguém tem mais inteligência que ninguém assim como nenhuma população tem mais sociedade que outra.

Falamos da inteligência como se se tratasse de algo herdado e fixo, como se houvesse pessoas extremamente inteligentes e pessoas imbecis. Se a inteligência é apenas a capacidade de pensar — coisa que, aparentemente, a maioria dos animais consegue fazer —, então é herdada, mas dela não se pode ter nem muito nem pouco. Vou dar ao que chamamos de inteligência superior o nome de "habilidade", apenas para distingui-la desta definição de inteligência.

Sem dúvida, há pessoas hábeis, mas a habilidade depende da capacidade e de pelo menos algum conhecimento, podendo ser aprimorada com a prática. Mesmo Einstein frequentou a escola para adquirir conhecimento e aprender a usá-lo; contudo, ninguém adquire conhecimento nem aprende a usá-lo sem motivação. Antes de classificar alguém de estúpido, deveríamos indagar se está ou não motivado. Quando encontramos algo em que somos bons e que nos agrada, isso é habilidade. Somos todos hábeis em alguma coisa. E o somos porque alicerçamos essa possibilidade na inteligência: a capacidade de pensar.

A maioria dos animais, e aparentemente todos os vertebrados, são inteligentes. Plantas e fungos não, é claro, pois lhes falta o cérebro — que, entretanto, talvez não seja um pré-requisito.

INTELIGÊNCIA ARTIFICIAL

A inteligência evoluiu à medida que o cérebro foi se tornando mais complexo. O cérebro humano é muito complicado e essa pode ser a razão pela qual a inteligência humana também parece complicada. Não pensamos apenas; pensamos conscientemente, a ponto de fazer perguntas abstratas e embaraçosas como "Será que existo mesmo?" Se isso é apenas função da complexidade do nosso cérebro, então se pode conceber um computador capaz da mesma proeza, desde que seja suficientemente complexo — desde que cruze o umbral da complexidade. Nós somos, afinal de contas, apenas máquinas biológicas. Não existe diferença real entre um cérebro feito de células, com ramificações nervosas carregadas de eletricidade, e um computador feito de metal e cristais, com circuitos elétricos. Para agravar as coisas, a fronteira entre cérebro e computador poderá muito em breve tornar-se indistinta. Com o advento da revolução biotecnológica, talvez logo estejamos criando computadores vivos para nossos escritórios, em vez de fabricar caixas de plástico e metal ou recorrer a outros métodos de produção pouco funcionais. Sim, o computador autoconsciente está a caminho. Como sempre, a ficção científica já explorou essa possibilidade, mas nós, no mundo real, teremos por fim de fazer a pergunta: "Devemos construir computadores autoconscientes assumindo toda a responsabilidade pelas consequências que isso implica?" (Porém, como não sabemos onde está o limiar de complexidade da autoconsciência, eles provavelmente já terão chegado antes de fazermos a pergunta.)

Capítulo Quinze

A futura evolução do corpo humano

A seleção natural não dorme nunca. Portanto, seu resultado — a evolução — também nunca dorme. Presumivelmente, nosso corpo e suas funções continuarão a mudar — mas para se transformar em quê? Na ficção científica dos anos 1950, era comum pintar os humanos do futuro com corpos que não passavam da continuação de antigas tendências. Nossos cérebros vinham aumentando de tamanho nos últimos milhões de anos; portanto, as cabeças do futuro teriam de ser ainda maiores. Nossa estatura tinha aumentado; portanto, os homens do futuro seriam grandalhões.

Como não seremos no futuro.

Infelizmente, predizer o futuro não é tão fácil assim. A evolução não tem um motor interno que a leve cada vez mais longe na mesma estrada. Para ela, amanhã não é a sequência imediata de hoje. Se quisermos entender como nossos corpos serão amanhã, precisaremos antecipar as ações da seleção natural no mundo de hoje.

Para tanto, será talvez útil considerar de que modo nossos ancestrais estavam sujeitos à seleção natural em seu ambiente e indagar se aqueles processos seletivos ainda têm efeitos significativos hoje.

ELIMINAÇÃO NATURAL

Sabe-se que um animal pode ser morto por predadores. No distante passado africano, nossos ancestrais eram sem dúvida vítimas desses carnívoros, como muitos humanos ainda hoje em certas partes do mundo. Há centenas de milhares de anos, essas mortes talvez se relacionassem a algum atributo físico (como o comprimento das pernas) e a eliminação de alguns indivíduos devia influir na evolução física dos sobreviventes. Isso podia acontecer quando a população mundial total de hominídeos ou ancestrais humanoides era pequena. Mas hoje, certamente, a ação dos predadores não tem grande efeito porque a população humana global gira em torno dos seis bilhões de indivíduos e a maioria dos predadores foi quase extinta. Diga-se o mesmo das mortes por mordidas e picadas de animais venenosos ou por ingestão de plantas tóxicas. As mortes acidentais também diminuíram. A eliminação em virtude de todas essas causas é praticamente insignificante e, hoje, nas categorias citadas, as vítimas talvez não partilhem nenhum atributo físico que esteja sendo eliminado. As pessoas que sobrevivem a esses acontecimentos já não são as mais aptas e sim as mais afortunadas.

APOIO SOCIAL

Talvez pensemos que a organização social desencorajará a futura evolução de nossos corpos, que a seleção natural achará mais difícil remover indivíduos de um grupo caso eles estejam amparados pela comunidade. No entanto, somos tão sociais quanto nossos parentes vivos mais próximos, os chimpanzés e os gorilas, e parece que nosso ancestral comum também já se socializava. Isso significa que, em termos de corpos, o homem se tornou homem, o chimpanzé se tornou chimpanzé e o gorila se tornou gorila depois de nos tornarmos todos animais sociais. O desenvolvimento de relações interpessoais complexas, bem como o auxílio mútuo e os benefícios para a sobrevivência daí decorrentes, não detiveram as mudanças em nossa aparência física depois que os três grupos adotaram seus diferentes modos de vida.

ESCOLHA DO PARCEIRO

Um dos motivos de continuarmos a mudar depois que nos tornamos animais sociais pode ter sido a escolha do parceiro. É uma prática comum no mundo animal. Poucas espécies se acasalam com o primeiro membro do sexo oposto que encontram durante o período de procriação. Em algumas, as fêmeas só aceitam o macho dominante do grupo. Este será, portanto, o pai de toda a prole do grupo e a geração seguinte tenderá a parecer-se com ele. Nessas espécies, machos competem entre si para firmar seu domínio (veados entrelaçam suas galhadas; leões brigam). Não há razão para supor que nossos ancestrais agissem assim, mas há outras formas de escolha de parceiro. Em certas espécies, as fêmeas têm a palavra final e os machos competem fazendo exibições complicadas na tentativa de ser escolhidos. Isso é comum entre os pássaros, mas entre os mamíferos também não é raro que a fêmea escolha o parceiro. Nas sociedades humanas atuais, baseadas no modelo europeu, geralmente é o homem que pergunta à mulher se ela quer desposá-lo. Parece então que o homem está escolhendo: mas na verdade ele apenas pergunta, a mulher é quem decide qual resposta dará. Se as mulheres, em nossa história remota, sempre escolhessem o macho por causa de determinado atributo, esse atributo tenderia a generalizar-se na geração seguinte. Pode ter sido a escolha de parceiro que levou ao amplo leque de cores de cabelos entre os europeus, o mais branco dos grupos raciais. No entanto, tenha ou não a escolha de parceiro desempenhado um papel em nossa evolução ancestral, é difícil imaginar até que ponto ela afetará nossa evolução futura dada a imensa população envolvida e a variedade de aspectos considerados importantes para os parceiros — especialmente os físicos.

RAÇA

Não só nossos corpos continuaram a mudar depois de desenvolvermos hábitos sociais como essa mudança prosseguiu depois que alguns de nossos ancestrais deixaram a África e colonizaram o globo. O resultado foram os grupos raciais existentes hoje, que evoluíram em resposta ao efetivo isolamento geográfico, em ambientes diversos, das várias populações. Poderão essas raças se tornar ainda mais diferentes no futuro?

O principal argumento contra semelhante eventualidade é a moderna aplicação de tecnologias como roupas, casas e agricultura. Elas nos separam dos elementos da natureza, que outrora provocaram as distinções raciais. Com o aumento das comunicações internacionais, do comércio e do movimento relativamente livre de ideias e informações, todos tendemos a viver hoje em condições similares, onde quer que estejamos no planeta. Alguns povos podem ser mais adiantados que outros, mas isso não significa muito para a evolução de nossos corpos.

Obviamente, em certas áreas restritas do planeta, opera-se uma ativa diluição das diferenças raciais graças aos casamentos mistos. É o caso dos Estados Unidos e algumas regiões da América do Sul; mas, no contexto da população global de 6 bilhões de indivíduos (população que está aumentando), o número de crianças nascidas de pais com diferente patrimônio racial é pequeno.

Muito provavelmente, as raças não continuarão se diferenciando, mas não há motivo para esperar que as diferenças desapareçam em futuro próximo.

CULTURA

Paralelamente às físicas, manifestam-se diferenças na ênfase cultural. Em alguns grupos, a tecnologia progrediu com rapidez; em outros, a organização social foi se tornando cada vez mais complexa. É errado chamar de "primitivas" as pessoas que moravam ou moram em cabanas de barro e tendas. Não possuem alta tecnologia, é óbvio; mas — e isso já não se percebe tão facilmente — seus sistemas sociais tradicionais podem ser bem mais ricos e integrados que, por exemplo, o da Europa setentrional tecnologicamente avançada. Esta rejeitou as complexas relações de parentesco em proveito da família nuclear. Conseguirá o europeu médio dizer os nomes de seus oito bisavós ou de seus sobrinhos em segundo grau?

Essa ênfase diferente produziu diferentes sociedades humanas nas diversas regiões do globo. Será possível que as culturas permaneçam separadas e por fim se transformem em espécies humanas distintas, com corpos diferentes?

Historicamente, os humanos gostam de formar grupos isolados. Raça, diferenças culturais e uma ampla diversidade de idiomas tornam isso bastante claro. Mesmo dentro dos grupos linguísticos, pessoas que vivem apenas algumas dezenas de quilômetros distantes falam de maneira diversa e às vezes ininteligível, até em culturas prósperas nas quais o transporte é acessível e se registra uma alta mobilidade da população. Todavia, falar o mesmo idioma e ter filhos com parceiros do mesmo grupo linguístico nunca fez com que o *Homo sapiens* se dividisse em duas ou mais espécies, acarretando modificações correspondentes em seus corpos. As diferenças que levaram ao aparecimento das raças humanas nos últimos sessenta mil anos ainda são superficiais e os grupos linguísticos fora da África devem ter se diferenciado por menos tempo ainda. Em suma, as pessoas não ficaram separadas tempo suficiente para formar espécies diversas.

Hoje, o mundo caminha cada vez mais para uma cultura global e podemos esperar que as influências culturais sobre a evolução de nossos corpos diminuam, não aumentem.

DOENÇA

Mais capaz de modificar futuramente os indivíduos em todo o espectro da espécie é a doença. A seleção natural por obra da doença foi provavelmente um perigo para nossos ancestrais e é ainda um dos grandes assassinos do homem no mundo inteiro. A dificuldade de fazer previsões sobre como as mortes por doença poderão modificar nossa espécie é que os humanos morrem por diversas causas, poucas delas relacionadas a aspectos anatômicos de nossos corpos. Por exemplo, contrair malária não depende do tamanho dos pés ou do formato do queixo.

Com o aumento do aquecimento global e do número de viagens internacionais, é de esperar que se agrave a disseminação de doenças e insetos transmissores por áreas antes preservadas, com consequências potencialmente danosas para culturas e continentes sem defesas naturais contra elas. Se isso provocar uma redução drástica na capacidade de ter filhos de gerações inteiras, haverá impacto na evolução física humana em algumas áreas. Entretanto, não é provável que isso aconteça em grau significativo.

Se a seleção natural por obra da doença trouxer mudança evolucionária, ela será provavelmente interna, no sistema imunológico e na bioquímica. Ainda assim teria de ocorrer uma mortífera epidemia global de horrendas proporções para redesenhar os sobreviventes de uma população de mais de 6 bilhões de indivíduos, o que não parece nada provável. Pelo menos, é o que esperamos.

Podemos contar também com nossa tecnologia farmacêutica para diminuir o número de vítimas. Mas se ela operar como agora — por exemplo, durante a recente epidemia da AIDS —, a disponibilidade mundial de terapias medicamentosas será precária no melhor dos casos e inexistente no pior. A AIDS é, no momento, o quarto maior assassino à solta, depois das moléstias cardíacas, derrames e infecções respiratórias (males que afetam principalmente os idosos). No final de 2005, mais de 25 milhões de pessoas haviam morrido de AIDS e aproximadamente 40 milhões estavam infectadas com o vírus, a maior parte na África subsaariana. O contágio continua aumentando no mundo inteiro e ainda não se sabe aonde irá parar essa epidemia. Contudo, mesmo ela não parece estar alcançando níveis capazes de alterar a aparência de nossa espécie, embora tenha mudado bastante o comportamento.

GUERRA

Assim como a doença, a guerra pode liquidar milhões. Em um de seus muitos disfarces, costumeiramente chamado de "limpeza étnica", envolve às vezes o extermínio em massa de determinados grupos. Mas, numa população mundial de 6 bilhões, é improvável que essas guerras consigam modificar a forma física da espécie, embora sejam devastadoras para os grupos visados e, em teoria, para seus genes.

NOVAS INVENÇÕES

Hoje, nosso ambiente não é aquele em que os corpos humanos originalmente evoluíram. Modificamos a atmosfera com emissões de gases. O tempo todo alteramos os componentes químicos de nossos alimentos pelo uso de pesticidas, conservantes e sabores artificiais.

Nossos corpos são bombardeados 24 horas por dia com radiação eletromagnética (ou seja, sinais de rádio e radar ou emissões similares que se *irradiam* de transmissores, não radiação nuclear como a do urânio — fique tranquilo). Vivemos à mercê de transmissões radiofônicas e televisivas que operam num vasto leque de frequências, de satélites e antenas locais a telefones celulares e outros transmissores. Há, além disso, os campos elétricos gerados por incontáveis aparelhos de que nos cercamos, como lâmpadas, aspiradores de pó, eletrodomésticos de cozinha e computadores. Não nos damos conta desse fogo de barragem porque nunca desenvolvemos órgãos sensoriais capazes de detectá-lo. E ele não existia até o século XX. A partir de agora desenvolveremos esses órgãos? Só se o problema estiver afetando nossa capacidade de gerar filhos, comprometendo nossa saúde logo ao começo da vida ou, mais diretamente, o sistema reprodutor. No momento, não há evidência alguma de que isso acontece, mas seria loucura não continuar monitorando os novos fatores ambientais e seus efeitos.

A eletricidade já alterou nossas vidas de um modo que a evolução nunca poderia antecipar. Acendendo lâmpadas baratas que fornecem prontamente luz artificial, podemos hoje prolongar o dia em qualquer época do ano, mas isso tem seu preço. Nossos corpos reagem naturalmente aos níveis de luminosidade. Nos climas temperados, durante os meses de inverno, os dias são muito curtos e as pessoas sem acesso à luz artificial às vezes chegam a dormir dezesseis horas. Graças às lâmpadas elétricas, esse tempo se reduz mais que à metade. O uso de luz elétrica para estender artificialmente o dia pode provocar ruptura no padrão normal de produção de hormônios. Os hormônios são os mensageiros químicos do corpo; eles alteram nossa condição fisiológica geral e afetam determinados órgãos, sendo que alguns apresentam um ritmo diário de produção alta e baixa. Mesmo que a ruptura não ocorra como resposta direta à luz, poderá ser consequência de uma atividade prolongada além do normal, que confunda o relógio interno do corpo. Nós também confundimos esse relógio quando fazemos viagens aéreas de longa distância, que perturbam nosso ciclo normal de dias e noites.

Sentimos os efeitos disso porque nosso corpo, inclusive o metabolismo, evoluiu num ciclo estável de dia e noite, luz e sombra. Se nossa insistência em perturbar os ritmos naturais do corpo terá ou não algum efeito evolucionário, isso depende de quantas pessoas sejam afetadas e do grau em que a perturbação interfira em nossa capacidade de procriar. Mesmo se milhares de milhões de pessoas fossem afetadas e tivessem comprometida sua capacidade de gerar filhos — e nenhuma dessas duas hipóteses é provável —, não haveria nenhuma herança genética comum aos indivíduos que habitualmente trabalham até tarde da noite ou viajam de jato. Portanto, não é de esperar nenhum efeito na futura evolução da anatomia de nossa espécie. As coisas não ocorrem como se apenas as pessoas de olhos muito juntos trabalhassem habitualmente até tarde ou só as dotadas de lóbulos nas orelhas fizessem viagens internacionais.

ORGANISMOS GENETICAMENTE MODIFICADOS

Nossa espécie desenvolveu há pouco a capacidade de alterar diretamente a composição genética de outras para produzir Organismos Geneticamente Modificados (OGMs). Para algumas pessoas, isso não difere em nada de alterar as características de outras espécies por meio da criação seletiva, coisa que vimos fazendo há milhares de anos. Isso, porém, é um absurdo. A criação seletiva consiste em escolher quais genes de vaca queremos para nosso rebanho ou separar certas características caninas para nossos cães. Pela modificação genética, o que fazemos é transferir genes de uma espécie a outra. Quando tomamos o gene de um peixe que produz uma substância anticongelante em seu sangue e o colocamos num tomate para impedir que este congele durante o transporte em recipientes refrigerados, fazemos algo que não se obtém facilmente pela criação seletiva.

Discute-se bastante, no mundo inteiro, sobre a ética de semelhantes atividades. Os genes são grupos de moléculas que evoluíram juntas. Atuam em bloco e os tecidos que engendram comunicam-se entre si para produzir o resultado final. É necessária uma pesquisa escrupulosa e atenta às normas de segurança para garantir que o gene inserido produza apenas o resultado almejado, sem afetar o resto do organismo hospedeiro ou as futuras gerações desse organismo.

Muitas pessoas se preocupam com os possíveis impactos dos OGMs na saúde humana ou no ambiente. Ingerir DNA modificado de OGMs ou produtos feitos deles dificilmente nos prejudicará: os humanos sempre ingeriram DNA de outras espécies. Toda vez que comemos uma banana ou uma coxa de frango, comemos DNA estranho e o digerimos sem problemas. Evoluímos para digerir DNA. Com combinações de genes artificialmente criados, ocorrerá a mesma coisa. No entanto, comer os próprios produtos modificados é outra história. Alterar a composição genética pode, em teoria, induzir modificações nas células e gerar substâncias químicas que não ocorrem naturalmente nas plantas comuns. Isso talvez afete nossa saúde a longo prazo ou provoque reações alérgicas.

Presume-se que os laboratórios especializados na criação de OGMs testem clinicamente a eventualidade desses dois efeitos potenciais de seus produtos antes de iniciar pesquisas de campo em plantações com esses organismos.

Se um DNA artificial escapar de culturas agrícolas geneticamente modificadas e invadir populações de plantas selvagens, as consequências para o ambiente serão imprevisíveis. Nada disso era possível no passado — até há pouco, não existia DNA modificado em laboratório. Portanto, ninguém possui experiência suficiente em que basear suas advertências.

No contexto deste livro, a pergunta deve ser: a fuga de novas combinações de genes para o ambiente como um todo poderá afetar o curso da evolução física humana? Isso não se pode avaliar. Quaisquer efeitos danosos ficarão restritos ao ambiente — onde serão sem dúvida irreversíveis —, mas não é possível antecipar até que ponto nossa espécie será afetada por uma mudança ambiental desse tipo. De novo, ninguém possui experiência suficiente em que basear suas previsões.

HUMANOS GENETICAMENTE MODIFICADOS

Os médicos, atualmente, usam certas técnicas para ajudar casais a ter filhos. Especialistas na área recorrem a drogas que incrementam a ovulação, praticam a fertilização *in vitro* (FIV) e armazenam embriões congelados para posterior implantação no útero. Casais que nunca poderiam transmitir seus genes à próxima geração conseguem hoje, graças a essa assistência, ter bebês saudáveis. Talvez se argumente que a ajuda médica no processo reprodutivo não é antinatural. Nossa espécie é produto da natureza; nada que fizermos poderá contrariá-la. Mesmo sepultar o campo sob uma massa crescente de concreto e vidro não é mais antinatural do que, como fazem os corais, atulhar o leito do oceano com recifes ou, como fazem os castores, construir diques que alagam a paisagem. Há quem considere indesejável a intervenção médica no processo reprodutivo — mas desejabilidade é outro assunto. Os médicos só existem para fazer o corpo funcionar quando ele não está funcionando bem por conta própria. Raramente pedimos a eles que não intervenham nos processos naturais da hemorragia ou do "mal-estar da gripe".

Não obstante, estamos aqui às voltas com uma forma bem diferente de intervenção: a engenharia genética e a seleção voluntária de características para nossos filhos. Nós sempre tomamos decisões que, até certo ponto, afetavam a aparência de nossa prole, mas fazíamos isso pela prática da seleção de parceiro (Nada de carecas!) ou, em alguns casos, pela possibilidade de escolher as características de doadores anônimos de esperma. Mas logo poderemos selecionar os traços de nossos filhos diretamente, com o advento dos chamados "bebês de prancheta".

Vale ressaltar que escolher qual vá ser a aparência da próxima geração não é antinatural (nada que fizermos poderá contrariar a natureza). Entretanto, haverá riscos para os bebês de prancheta. Escolher hoje certas características implica sabermos quais serão importantes amanhã — e talvez, inadvertidamente, eliminemos algumas que depois se revelarão cruciais para a sobrevivência.

Os bebês de prancheta já haviam sido propostos, mas no quadro da criação humana seletiva, pois ainda não se falava em engenharia genética. Isso ocorreu com o movimento em prol da eugenia na Europa dos anos 1930 e foi levado aos extremos pelo projeto nazista de criar uma super-raça ariana de cabelos louros e olhos azuis. Sem mencionar sua aterradora rejeição da variação humana, esse plano era fundamentalmente absurdo por presumir que o ambiente não mudaria nunca. Setenta anos depois, com cada vez mais buracos na camada de ozônio, os louros estão mais suscetíveis ao câncer de pele e os olhos azuis não funcionam tão bem quanto os castanhos sob luz muito intensa. Se continuarmos danificando a atmosfera, os indivíduos de pele escura, cabelos pretos e olhos escuros é que preservarão sua saúde e terão mais filhos. O número de louros de olhos azuis cairá de geração em geração, pois problemas de saúde no começo da vida interferem na capacidade de procriar. Isso, é claro, talvez não aconteça, tanto mais que os louros de olhos azuis vivem em sua maioria nas partes do mundo onde podem comprar protetores solares, óculos escuros e assistência médica de alta qualidade. Mas permanece o fato de que os nazistas não previram os buracos na camada de ozônio.

Do mesmo modo, não podemos prever qual será o ambiente de amanhã ao projetar bebês que irão enfrentá-lo. Mas, sem esse conhecimento, que critérios usaremos para fazer nossas escolhas? Quando falamos em escolha da cor dos olhos ou da estatura de nossos futuros filhos, estamos de fato pensando no que será melhor para eles ou optando por aquilo que gostaríamos de parecer numa sociedade obcecada por estereótipos físicos? Selecionar um sistema imunológico mais eficiente não seria prioritário?

Embora bebês de prancheta possam se tornar uma realidade, e ainda que consigamos de fato influenciar a forma e os atributos do corpo humano, mesmo que esse resultado da manipulação genética direta passar pelo teste da aceitabilidade social é de se esperar que só tenham acesso a ele algumas pessoas em alguns países ricos. É improvável que encerre potencial, num futuro previsível, para afetar a evolução do corpo humano em termos globais; entretanto, poderá permitir o desenvolvimento de sistemas de casta genéticos aqui e ali, tema já explorado por autores de ficção científica.

IMPREVISIBILIDADE TOTAL

Ao tentar prever como será o corpo humano no futuro, voltamos sempre à estaca zero. A situação hoje, com uma população imensa espalhada por todo o planeta, é completamente diversa das circunstâncias que predominaram quando o *Homo sapiens* começou a evoluir a partir de um pequeno número de indivíduos no continente africano. Qualquer coisa que venha a afetar a aparência física de nossa espécie terá de agir por vastas distâncias e envolver uma quantidade enorme de pessoas. No momento, não logramos sequer imaginar o que poderia ser isso. Provavelmente, nada menos que um desastre global, na escala de um impacto de asteroide ou cometa, ou de uma violenta ejeção solar, que suprimisse a maior parte da humanidade deixando apenas alguns sobreviventes para repovoar a Terra. Só isso conseguiria alterar a aparência de cada membro de nossa espécie. Portanto, se tivermos sorte, ela não mudará significativamente no futuro, embora, como a evolução nunca dorme, essa possa ser uma tese ingênua.

Não nos causa surpresa a incapacidade de predizer o que acontecerá aos nossos corpos. Somos parte da vida e não existe nada mais complexo do que ela. As ciências físicas (física, química, geologia, astronomia e mesmo meteorologia) estudam as finalidades simples da natureza; a biologia é que trabalha com as complexidades, e estas nem sempre as leis físicas e matemáticas conseguem explicar ou prever. Há na biologia tantas variáveis que não resta lugar para a certeza. Se solto uma pedra, ela cai no chão; mas se solto um pássaro, onde ele irá pousar?

EVOLUÇÃO DO CORPO NÃO HUMANO

Concluamos este capítulo especulativo empreendendo uma viagem para fora do mundo. A diversidade da vida na Terra é grande, mas outros planetas e suas luas possuem um ambiente bem diverso. A Terra é única até em nosso sistema solar. Quando os biólogos tentam deduzir como será a vida em outros planetas, invariavelmente tomam por base a vida na Terra, embora ninguém possa saber como ela se manifesta na imensidão da galáxia. Em outros sistemas estelares, poderá haver formas de vida cristalinas com duração de dez mil anos ou formas de vida moleculares que só vivem alguns segundos. Nossas predições são postas em cheque não apenas por nossa ignorância do universo, mas também por nossa familiaridade com a Terra. É difícil pensar além da própria experiência.

Se este livro nos ensinou alguma coisa foi que o corpo humano resultou de uma longa e complicada história durante a qual numerosas mudanças de rumo ocorreram, podendo cada uma ter sido diferente. Nossa aparência se deve aos seguintes fatores: simetria bilateral;

mandíbulas e dentes; nadadeiras duplas; quatro membros; cinco dedos; dois olhos; cotovelos e joelhos; pulsos e tornozelos; vida nas árvores; quatro patas como mãos; perda da cauda; andar ereto; e mãos traseiras que se transformaram de novo em pés.

Isso, por sua vez, ensina-nos que, qualquer que seja a aparência dos extraterrestres, eles não serão homenzinhos verdes ou monstrinhos de olhos amendoados. As chances de que uma história evolucionária diferente produza um corpo humanoide são quase nulas. Basta-nos olhar à volta, para outras espécies animais da Terra, e constatar quão facilmente a evolução engendra corpos de formas diversas. Compare, por exemplo, um homem com um polvo, um inseto, uma minhoca ou uma água-viva. Não; se um disco-voador pousar e dele saírem homenzinhos verdes, fique certo de uma coisa: são da Terra e seus ancestrais eram peixes.

Como os alienígenas não seriam

Impressão e Acabamento
FARBE DRUCK
gráfica e editora ltda.